ENCYCLOPÉDIE-RORET

CALENDRIER DES VINS

EN VENTE A LA MÊME LIBRAIRIE

MANUEL DU VIGNERON FRANÇAIS, ou l'Art de cu[...] vigne, de faire et de gouverner les vins, eaux-de-vie et vinai[...] MM. A. THIÉBAULT DE BERNEAUD et F. MALEPEYRE. 1 gros [...] atlas. Fig. noires. . . . .
Fig. coloriées. . . . .

— AMÉLIORATION ET FABRICATION DES LIQUIDES, [...] vins, vins mousseux, alcools, eaux-de-vie, liqueurs, bières, ci[...] naigres, etc.; contenant l'art d'imiter les vins de tous les cr[...] couper, de les colorer, de les désacidifier; la manière de les [...] de les reconnaître et de les classer; l'art de fabriquer les vi[...] ciels aux colonies; la fabrication des vins de liqueurs, spiritu[...] rops, vinaigres, etc.; par M. V. F. LEBEUF. 1 volume. . . . .

— SOMMELIER, ou Instruction pratique sur la manière de soi[...] vins, contenant la dégustation, la clarification, le collage et la [...] tation des vins; les moyens de prévenir leur altération et de [...] blir; la manière de distinguer les vins purs des vins mélangés, [...] ou artificiels, etc.; par MM. A. et C. E. JULIEN. 1 volume [...] planches. . . . .

— MARCHANDS DE VINS, DÉBITANTS DE BOISSONS JAUGEAGE, contenant les soins à donner à la cave, suivi d[...] les lois et ordonnances auxquelles les liquides sont assujetti[...] MM. LAUDIER, F. MALEPEYRE et VASSEROT. 1 gros volume. . .

— NÉGOCIANT D'EAUX-DE-VIE, liquoriste, marchand de [...] distillateur; contenant l'Essai des vins et alcools, le mouillage [...] cools et les tarifs d'octroi; par MM. RAVON et F. MALEPEYRE. [...] volume. . . . .

— DISTILLATEUR-LIQUORISTE, contenant l'Art de dist[...] vin et les meilleures formules pour fabriquer les liqueurs les [...] pandues, les parfums, substances colorantes, etc.; par MM. [...] J. DE FONTENELLE et F. MALEPEYRE. 1 gros volume. . . . .

— VINS DE FRUITS (Fabrication des), contenant l'Art de [...] cidre, le poiré, les boissons rafraîchissantes, bières économique[...] de grains, de liqueurs, hydromels, etc.; par MM. ACCUM, GUIL[...] LEPEYRE. 1 volume. . . . . 1[...]

— CIDRE ET POIRÉ (Fabricant de), avec les moyens d'imit[...] le suc de pomme ou de poire le vin de raisin, l'eau-de-vie et le [...] gre de vin, par M. DUBIEF. 1 volume orné de figures. . . . . 2[...]

— VINAIGRIER ET MOUTARDIER, contenant les meilleur[...] cédés pour la fabrication de tous les vinaigres et de la moutard[...] M. JULIA DE FONTENELLE. 1 volume orné de figures. . . . . .

— BRASSEUR, ou l'Art de faire toutes sortes de bières; par M. M[...] GNAUD. 1 volume orné de planches. . . . .

MANUELS-RORET.

CALENDRIER DES VINS

OU

INSTRUCTIONS

SUR LES TRAVAUX A EXÉCUTER

MOIS PAR MOIS

POUR CONSERVER, AMÉLIORER LES VINS
IEUX OU NOUVEAUX, ET GUÉRIR CEUX QUI SONT MALADES

à l'usage

DES PROPRIÉTAIRES DE VIGNES

ES NÉGOCIANTS EN VINS, GOURMETS, TONNELIERS,

DES GARÇONS DE CAVES ET DE CELLIERS,

ET DES MAITRES DE CHAIS

Par M. **F.-V. LEBEUF**,

bricant de préparations œnologiques, Membre de plusieurs Sociétés
agricoles et manufacturières.

PARIS

A LA LIBRAIRIE ENCYCLOPÉDIQUE DE RORET,
RUE HAUTEFEUILLE, 12.

1862.

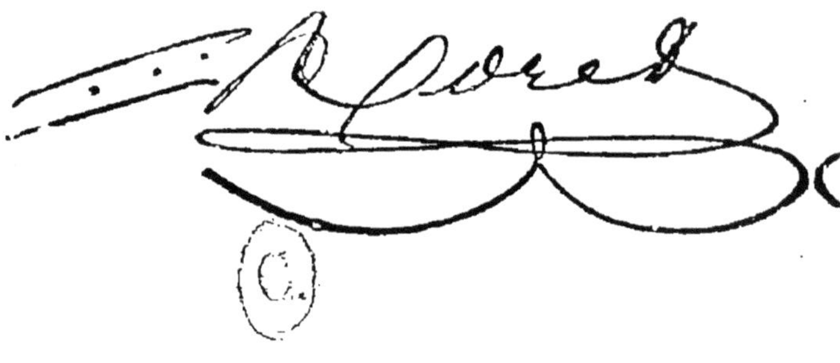

AVANT-PROPOS.

On nous a si souvent manifesté le désir d'avoir une
orte de Calendrier à l'usage des maîtres de chais ou
le ceux qui sont chargés de soigner les vins, pour
eur indiquer, mois par mois, et presque jour par
our, les travaux à exécuter, que nous nous sommes
écidé à publier ce petit Manuel.

Ce travail ne fait double emploi avec aucun autre
uvrage; car il est entièrement pratique, et nous pen-
ons être le premier qui ayons eu la pensée d'en faire
n de ce genre.

Nous savons qu'il est difficile de prévoir d'une ma-
ière bien exacte tout ce qu'il y a à faire dans une
ave, mois par mois, surtout en ce qui concerne les
térations que le vin peut contracter, car il en est
eaucoup, si ce n'est toutes, qui apparaissent à di-
erses époques de l'année. Ceci, néanmoins, ne sau-
it être une grande difficulté, car nous y avons paré,
une part, en indiquant le traitement de chaque ma-
die, dans le mois où elle se déclare le plus ordinai-

rement; de l'autre, en établissant une table des matières où l'on trouvera facilement et sans recherches préliminaires, tout ce qui est nécessaire pour la circonstance.

Ce livre devant être, avant tout, succinct et à bas prix, clair et précis, nous avons dû omettre bien des choses que l'homme qui désire raisonner ses travaux voudrait connaître; aussi, nous renvoyons ceux de nos lecteurs qui se trouveraient dans ce cas, aux *Manuels de l'Amélioration et de la Fabrication des Liquides*, du *Sommelier* et du *Vigneron français*; ils y trouveront tout ce qui peut combler les lacunes de celui-ci. Nous avons jugé utile de répéter nos renvois à chaque mois, afin que le lecteur ait toujours sous les yeux l'ouvrage auquel il devra recourir pour compléter le sujet que nous traitons.

Nous avons divisé cet ouvrage en deux parties : la première est le *Calendrier des vins*; la deuxième renferme divers renseignements d'une utilité secondaire, mais qu'on nous saura gré d'avoir joints à ce *Calendrier*.

F. LEBEUF.

CALENDRIER DES VINS

PREMIÈRE PARTIE.

SEPTEMBRE.

Nous commençons l'année vinicole au mois de septembre, parce qu'en la commençant comme on le fait ordinairement, par le mois de janvier, on sépare les travaux de la vendange de ceux qui n'en sont que la suite ou la conséquence. Le mois de septembre doit être considéré comme le premier mois vinicole, puisque c'est lui qui ouvre les vendanges, et que les soins à donner aux vins n'en sont que la continuation.

Préparation des vases vinaires. — A l'approche des vendanges, le vigneron et le marchand de vin soigneux doivent s'occuper activement de mettre leurs vases en état de recevoir le vin. Le premier a besoin de cuves, de fûts, etc.; le second, surtout s'il achète des vins à tirer dans la cuve, doit s'assurer également du bon conditionnement de ses tonneaux. Pour mettre plus d'ordre dans nos indications, nous allons diviser ce que nous avons à dire de ces divers ustensiles, en articles spéciaux (1).

Cuves. — Il y a des cuves en bois et en maçonnerie. Avant d'indiquer le moyen de les disposer à recevoir la vendange, nous croyons devoir apprécier le mérite de chacune d'elles.

Des cuves en bois. — Le bois des cuves doit avoir au moins 5 centimètres d'épaisseur pour une contenance de 30 hectolitres, et 6 centimètres pour celles de 50 à 60. La profondeur ne doit pas dépasser 2 mètres, quelle que soit la contenance, afin qu'un homme puisse facilement la vider, et aussi parce que la fermentation serait ralentie par l'effet de la pression du liquide sur lui-même.

Toutes les cuves doivent être établies de manière à pouvoir recevoir un faux-fond, pour empêcher l'élévation du chapeau et tenir la vendange au niveau du liquide.

Les cuves en bois ont des avantages et des inconvénients. Elles sont plus faciles à transporter, à nettoyer, à entretenir que les cuves en maçonnerie; mais elles ne peuvent ni être réchauffées, ni être conservées saines comme les cuves en maçonnerie.

Il est utile de remplacer les cercles en bois par des cercles en fer, car, avec les premiers, il faut qu'elles

(1) Voir, pour plus de détails, le *Manuel du Tonnelier*, par M. P. Désormeaux. 1 vol. in-18 orné de figures, 3 fr., à la Librairie Roret.

en soient entièrement couvertes, de telle sorte que si une fuite se déclare, on ne peut voir facilement d'où elle provient, et il est difficile d'y remédier. Avec cinq ou six cercles en fer qu'il faut pour garnir une cuve, ces inconvénients n'ont pas lieu.

Au lieu d'évaser les cuves, c'est-à-dire de les faire plus larges dans le haut que dans le bas, il est bien préférable de faire le contraire, c'est-à-dire de rétrécir l'ouverture et d'élargir le fond; parce que quand la fermentation se déclare et que le chapeau s'élève, il se resserre, devient plus solide et garantit mieux le vin du contact de l'air.

Cuves en maçonnerie. — Il y a des cuves en pierres, en briques et en moellons. Les meilleures, à notre avis, sont celles en briques, recouvertes d'un bon ciment romain. De même que les cuves en bois, leur profondeur ne doit pas dépasser 2 mètres.

Il faut bien se garder de mettre de la vendange dans une cuve faite comme un mur ou comme de la maçonnerie ordinaire, car le vin contracterait un goût qui le rendrait invendable. Quand la cuve est faite soit avec du plâtre, soit avec de la chaux (le premier est préférable), on enduit toute la surface intérieure avec du ciment de briques auquel on a ajouté un peu de ciment romain. Cet enduit doit avoir au moins 3 centimètres d'épaisseur, et être brut et non poli, afin de pouvoir le recouvrir d'un second enduit qu'on y applique avant qu'il soit sec, sans quoi il n'y adhérerait pas. On peut ajouter un peu de sel gris, afin qu'il sèche moins vite, ce qui empêche les gerçures et contribue à sa solidité. Ce dernier enduit doit être repassé et tassé à la truelle, pour le polir et lui donner de la dureté. Si l'on aperçoit des gerçures, on les rebouche en appuyant la truelle.

Les matières de l'enduit se combinent quelque peu avec le vin la première année; mais nous avons la certitude qu'on empêchera tout mauvais goût en appliquant au pinceau une couche imperméable composée de 1 kilog. cire et 1 kilog. huile de lin siccative. On applique le tout à une chaleur de 100 degrés Réaumur et même de 80 degrés. Quand cette peinture est sèche, la cuve est en état de recevoir la vendange.

Réchauffement des cuves. — Dans les années où le raisin n'est pas assez mûr, où la vendange est froide, la fermentation se fait attendre et le vin perd de ses qualités. Il est donc prudent de stimuler la fermentation, soit en jetant dans le moût froid du moût que l'on a fait bouillir avec ou sans la râfle, et en réchauffant la cuve.

Les cuves en bois se prêtent difficilement à ce dernier travail; pour obtenir quelques degrés de chaleur, il faut allumer des poêles plusieurs jours à l'avance et chauffer le cellier tout entier, de manière que la cuve soit elle-même chaude, ce qui a l'inconvénient de la disposer à laisser échapper le liquide. Les cuves en pierres ou en maçonnerie ne sont point exposées à cet inconvénient : on allume du feu dans l'intérieur et on les chauffe comme l'on veut. On peut même ménager au-dessous une sorte de fourneau où l'on allume du feu pour les chauffer pendant tout le temps nécessaire à porter la masse de vendange à un degré de chaleur convenable. (On peut s'assurer du degré de chaleur en tirant du liquide par le robinet dont il va être question).

Dans les cuves en bois comme dans les cuves en maçonnerie, il faut placer un robinet pour le soutirage. — Dans les cuves en bois, rien n'est plus simple; mais dans celles en maçonnerie, il faut leger dans les parois de la cuve un fort tuyau en étain à l'extrémité duquel on place ce robinet.

Préparation et nettoyage des cuves.— Avant de placer la vendange dans les cuves, il faut les nettoyer avec soin. — On devra donc abreuver d'abord celles en bois, puis les laver à l'eau de chaux, et si elles ont un goût de moisissure, les lotionner avec de l'acide sulfurique étendu d'eau, puis passer un lait de chaux, et ensuite de l'eau salée presque bouillante, pour terminer par un lavage à l'eau froide. — Quant aux cuves en maçonnerie, il faut les laver à l'eau bouillante ou avec un lait de chaux, puis avec de l'eau chaude et de l'eau froide. Si elles sont moisies, on n'emploiera pas l'acide sulfurique, qui les détérioreraît, mais la potasse, l'eau chaude ensuite et l'eau froide.

Préparation et nettoyage des tonneaux. — Il est de la plus haute importance de nettoyer avec le plus grand soin les fûts, seaux, bachous, ballonges, hottes, pressoirs et autres ustensiles, si l'on veut éviter les altérations qui s'ensuivent quand on a négligé de s'assurer de leur propreté et qu'ils n'ont pas de mauvais goût.

Les fûts sont ou neufs ou vieux. S'ils sont neufs, ils sont sujets à donner le goût de bois au vin qu'ils renferment, s'ils n'ont pas été bien lavés au préalable. Cela provient de ce que le liquide dissout le tannin et la résine particulière contenus dans les douves. Il faut donc, pour éviter cet inconvénient, opérer comme il suit :

1° Laver le fût avec de l'eau bouillante, dans laquelle on a fait dissoudre 500 grammes de sel gris ; on laisse séjourner cette eau un jour dans le fût, et on rince ;

2° Laver avec de l'eau froide, qu'on laisse séjourner encore un jour ;

3° Le lendemain, on verse un litre ou deux de vin chaud qu'on met ensuite dans de la boisson ou du vin de peu de valeur.

Nous dirons en passant, que l'on ne doit pas soutirer un vin fin dans un fût neuf ; il faut se servir, à cet effet, d'un fût qui a déjà contenu du vin de bon goût. On y fait le soutirage, et si l'on n'a qu'une pièce à soutirer, on la transvase de suite dans le vieux fût, à l'aide d'une cannelle à tube, afin d'éviter l'évaporation et le déchet.

Quand on n'a que des fûts neufs pour loger les vins fins, il faut les préparer avec soin comme nous venons de l'indiquer.

Si l'on emploie des fûts vieux de bon goût, il n'y a rien à faire qu'à y passer de l'eau bouillante, à les rincer ensuite à l'eau froide, ou mieux avec du vin chaud ; mais s'ils sont moisis ou aigres, ou qu'ils aient un mauvais goût quelconque, on doit les préparer d'une manière toute spéciale.

Pour s'assurer de l'état intérieur d'un tonneau, on y descend une bougie de quatre à cinq centimètres de long, que l'on attache et suspend par une ficelle; si cette bougie s'éteint, c'est que le fût est aigre; si elle se maintient, on voit très-distinctement si le tonneau est couvert de moisissure. L'odorat complète la visite.

Nous engageons les *cavistes* à se procurer un *visiteur*, petit instrument qui sert à maintenir la bougie et à empêcher qu'elle coule ou tombe dans le fût.

Si le tonneau est aigre, il faut y verser cinq litres d'eau bouillante et y jeter 500 grammes de chaux vive et 100 grammes de potasse. On roule le fût deux fois par jour, pendant quatre jours, et on jette cette eau; on rince ensuite à l'eau froide, qu'on laisse encore séjourner quelques heures; on fait égoutter et on remplit.

Si le fût est moisi ou a tout autre mauvais goût, on doit y verser d'abord un quart de litre d'acide sulfurique avec un demi-litre d'eau; rouler, laisser reposer quelques jours; puis rouler de nouveau et y ajouter 300 grammes de chaux et 100 grammes de potasse, et laver, comme il est dit ci-dessus, en ayant le soin de mettre une chaîne dedans, qu'on retient au dehors avec une corde nouée au-dessus de la bonde, afin de pouvoir la retirer. On vide cette eau. Cela fait, on passe encore de l'eau bouillante, puis de l'eau froide; on fait égoutter pendant vingt-quatre heures, et on met le nez sur la bonde. Si le fût est encore de mauvais goût, il faut le rejeter; dans le cas contraire, on soutire dedans.

Nous employons depuis plusieurs années, pour le nettoyage des fûts, le *Désinfecteur*, ou poudre des tonneliers (voir la *Liste des préparations œnologiques*), et nous nous en sommes toujours très-bien trouvé, ainsi que tous ceux qui l'ont employé.

Il y a une erreur fort accréditée parmi les vignerons, c'est que la fermentation enlève tous les mauvais goûts de fût. Cela est vrai jusqu'à un certain point. En effet, quelques fûts moisis légèrement perdent ce mauvais goût quand on y fait fermenter de la vendange; mais le vin contracte ce goût plus ou moins, et souvent il est tellement altéré par ce fait, que si le fût est guéri, le vin est gâté. Le remède est pire que le mal.

Fabrication du vin. — Nous ne pouvons donner ici aucune indication sur la fabrication du vin. Nous renvoyons le lecteur au mois d'octobre où il trouvera quelques considérations qui y sont relatives. Cette matière demande trop d'étendue pour être traitée dans un ouvrage comme celui-ci. On fera donc bien de se procurer le *Manuel de l'Amélioration des Liquides* (1), si l'on désire avoir d'amples renseignements.

Avantages des grands tonneaux. — Les grands tonneaux ont un avantage immense sur les petits pour la conservation du vin. On sait qu'un fût de la contenance de 228 hectolitres occupe moins d'espace que

(1) Un vol. in-18 3 fr., à la Librairie Roret, rue Hautefeuille, 12, à Paris.

100 de 228 litres. La déperdition est moins grande aussi. On trouvera dans le *Manuel de l'Amélioration des Liquides* des détails précis à ce sujet. Nous engageons nos lecteurs à le consulter.

Vins en fûts. — Les vins en fûts ne réclament, pendant ce mois, ni autant de soins, ni autant de surveillance que pendant les mois de chaleurs. Il suffira de les visiter de temps en temps, afin de s'assurer si les fûts sont pleins et s'ils ne sont pas en danger de coulage. Les altérations qui surviennent également pendant les mois de juin, juillet et août, vont disparaissant.

Vins en bouteilles. — Les vins en bouteilles, comme ceux en fûts, qui ont traversé l'été sans altération, sont également hors de danger.

On peut déjà à cette époque, à la fin du mois, et surtout si la température s'est abaissée, commencer à mettre en bouteilles les vins dont la maturité est complète et qui menaceraient de *vieillarder* ou de rancir. Il ne faut pas hésiter à les empoter. Dans le cas contraire, on peut ajourner au mois suivant, on sera plus certain que ces vins déposeront moins, ou ne déposeront pas s'ils sont consommés dans les délais ordinaires, c'est-à-dire d'un an à deux ans.

Soutirage des vins malades. — Si des vins ont contracté une dégénérescence quelconque et qu'ils soient sur un dépôt un peu considérable, ce dont il est facile de s'assurer en plongeant dans le fût un bâton du diamètre du pouce ou de 2 à 3 centimètres. S'il y a du dépôt, il en restera à l'extrémité qui a touché le fond du tonneau, et on pourra voir à peu près son épaisseur et sa nature.

Dans ce cas, il faudra immédiatement soutirer ce vin et le traiter selon le genre d'altération qu'il aura, en suivant la prescription que nous donnerons plus loin.

OCTOBRE.

Vin en cuve. — Nous supposons qu'on connaît les soins principaux à donner au vin en cuve, autrement, nous renverrions le lecteur au *Manuel de l'Amélioration des Liquides* (1), qui traite de cette matière assez longuement pour diriger les plus incapables.

Quand votre vendange est foulée, votre cuve remplie, placez des planches propres sur la masse, et plongez-les pour que le moût soit à fleur du marc. Cela fait, couvrez votre cuve avec une toile en plusieurs doubles pour éviter l'introduction des impuretés, empêcher le contact de l'air, et abandonnez la cuve à elle-même pendant huit ou dix jours.

Après cette époque, la fermentation est à peu près terminée, à moins que l'année soit froide et humide,

(1) Un vol. in-18 3 fr., à la Librairie Roret.

ou que l'on opère sur de la vendange très-sucrée, comme dans le Midi. Dans ce cas, consultez l'ouvrage ci-dessus, afin de faire le nécessaire pour hâter la fermentation, pour éviter que le vin ne sûrisse soit en cuve, soit même ultérieurement. Donc, après ce temps, on peut soutirer le vin et le mettre en tonneaux.

Si vos tonneaux ne sont pas prêts, si une cause quelconque vous prive de la faculté d'entonner, vous pouvez sans inconvénient, laisser le vin pendant trois semaines, et plus, dans la cuve; mais à la condition de la couvrir ou de la fermer presque hermétiquement. N'oubliez pas, cependant, que le gaz acide carbonique qui se forme doit pouvoir s'échapper, et à cet effet, laissez quelques issues, soit entre les planches, soit en pratiquant des ouvertures dans le faux fond.

Plus le moût est sucré, plus en général, la fermentation est lente; cela tient à ce que plus il y a de sucre, moins il y a de ferment : c'est ce qui fait que dans le Midi, on laisse fermenter pendant un mois, tandis que dans le Nord, la fermentation est terminée en trois ou quatre jours.

Le vin dont la fermentation dans la cuve n'a pas été assez prolongée, retient plus de lie, se clarifie plus difficilement, est sujet à devenir gras ou amer. Cela tient à ce que n'ayant pas séjourné assez longtemps sur la râfle, il n'a pu en extraire assez de tannin.

Le vin de pressoir doit se mêler à la mère-goutte dans deux cas : quand il ne s'agit que de vin ordinaire, parce qu'il concourt à sa conservation en apportant des matières extractives qui le préservent des diverses maladies auxquelles il est sujet, ou, quand la vendange n'est pas mûre, parce que, dans ce dernier cas, il renferme certains acides qui ont la même propriété. — S'il s'agit de vin fin, de vin dit de rôti même, on peut rejeter le vin de pressoir. Cependant, nous devons dire que si le vin perd un peu de son agrément, pendant la première année, il se conserve mieux et est moins sujet aux altérations.

Le vin de pressoir et celui qui a séjourné longtemps sur la vendange, ont un goût de râfle désagréable; on les en débarrasse facilement par un collage spécial que nous aurons le soin d'indiquer en temps opportun.

Entretenez vos fûts toujours pleins, vous éviterez de l'évaporation, les mauvais goûts, la formation de l'acide acétique, etc.

Si vous avez à transporter du vin dont la fermentation n'est pas complète, soutirez-le dans des fûts fortement soufrés et dans lesquels vous aurez brûlé un peu d'alcool.

Si vous avez du vin aigri dans la cuve, comme ce n'est d'ordinaire que la partie supérieure qui est altérée, enlevez tout ce que vous pourrez avec un syphon, puis soutirez la partie inférieure non acide. Jetez la couche supérieure du marc et ne conservez au pressurage que celle qui est intacte. Quant au vin aigre, soutirez-le dans un fût soufré et introduisez-y la préparation des vins malades, dite *vin aigre* (1).

(1) Voir la Liste des produits œnologiques à la fin de cet ouvrage.

Vins vieux en cercles. — Ne mettez jamais les vins nouveaux, dont la fermentation n'est pas terminée, près des vins vieux ; cela suffit souvent pour susciter un mouvement de fermentation dans ceux-ci, les troubler et même y déterminer quelques altérations tôt ou tard. Eloignez également de vos vins tout ce qui est susceptible de fermentation putride : les pommes de terre, racines de toutes sortes, bois, etc., ce sont autant de causes de dégénérescence.

Si un vin vieux *travaille* (fermente), soutirez-le promptement dans un fût méché (soufré) ; s'il est trouble, collez-le avec 25 grammes de poudre anglaise par 228 litres (1), et non avec des blancs d'œufs ou de la gélatine, car vous pourriez lui donner une maladie incurable.

Vins en bouteilles. — Octobre est une mauvaise époque pour mettre le vin en bouteilles ; ne le faites donc que si vous y êtes obligé, par un temps sec et clair, et après quinze jours de collage à la poudre anglaise. S'il pleut, si le vent souffle de l'ouest ou du sud-ouest, attendez.

Altérations et maladies du vin. — Si le vin en bouteilles devient malade, se trouble ou fermente, n'y touchez pas ; attendez le mois de décembre. Cependant, s'il est amer, c'est le moment de le guérir ; versez ce vin dans un fût avec le dépôt qui est dans la bouteille ; et ajoutez-y 15 à 20 litres de bon vin nouveau par 100 litres de vin vieux ; agitez le tout, laissez reposer un mois et collez avec la poudre an-

(1) Voir la Liste des produits œnologiques à la fin de cet ouvrage.

glaise; puis, après clarification, remettez en bouteilles. — Si le vin était encore amer après un mois, ajoutez-y la préparation pour les vins amers (1), collez et ajoutez 1 litre de cognac.

Le peu de vin nouveau qu'on ajoute vieillit promptement, surtout si on a mis le dépôt. Si le vin vieux est de bonne qualité, ajoutez-y un bouquet de Pomard si c'est du Bourgogne, ou un extrait de Bordeaux si c'est du Bordeaux (1). Cette addition rendra au vin tout son bouquet, ou lui en donnera s'il n'en avait pas.

Nous avons remarqué que presque tous les vins malades ou altérés perdaient leur bouquet et leur sève; il est donc indispensable de les leur rendre en ajoutant des sèves ou bouquets artificiels qui raniment les sèves et bouquets naturels.

Si l'on a du vin amer en fût, il suffit d'y ajouter la même quantité de vin nouveau. Si c'est du vin ordinaire de peu de valeur, si l'amertume est telle que le vin en soit désagréable, il faut y ajouter la préparation des vins amers (1) et, au besoin, couper le vin par moitié avec du vin nouveau dont la fermentation n'est pas encore terminée, ou même le rejeter sur le marc en ajoutant 2 kilog. de sucre par hectolitre, pour déterminer une bonne fermentation.

La préparation des vins amers réussit toujours, même sur des vins fins; car bien souvent nous avons eu occasion de l'employer sur des Château-Lafitte,

(1) Voir la Liste des produits œnologiques à la fin de cet ouvrage.

Château-Margaux, des Vougeot, Pomard, etc., et les vins se sont rétablis en moins de trois semaines.

Il arrive fréquemment que, par suite de la mauvaise fabrication, le vin devient aigre aussitôt entonné. Quand pareil accident arrive, il faut, s'il y a encore un peu de fermentation, ajouter au moins 1 kilogramme de bon sucre par hectolitre pour la ranimer, ajouter 1/2 litre d'alcool et attendre la clarification. S'il est encore aigre, on le traitera par la préparation des *vins aigres* et en le collant et soutirant dans des fûts soufrés.

Couleur des vins. — La couleur est sinon indispensable, du moins utile. — Elle flatte l'œil et donne au vin plus de velouté et plus de saveur. Il faut donc s'efforcer de l'obtenir en écrasant la vendange. *L'habit ne fait pas le moine, mais il le pare.* Que de gens dont on ne salue que l'habit! Que de vins qui n'ont pour toutes qualités que leur couleur!

Plus le vin reste longtemps dans la cuve avec la râfle, plus il prend de couleur. Dans les années où la couleur fait défaut, on l'obtient à l'aide *de la teinte bordelaise* dont l'efficacité est reconnue, soit pour colorer, soit pour fortifier, soit pour dégraisser et conserver le vin. Cette teinte, l'une des meilleures et des plus salubres qui existent, est autorisée par la police. Il en faut 1 litre environ par hectolitre de vin rouge, et le double pour le vin blanc.

NOVEMBRE.

Vin nouveau. — Le vin nouveau doit être considéré comme *fait* à cette époque ; car toute fermentation sensible a cessé. Dans divers vignobles on a commencé les expéditions et tout doit se borner à soigner les envois, à s'assurer si l'enfûtage est bon et s'il n'a pas eu lieu dans des tonneaux gâtés ou de mauvais goût. Dans ce dernier cas, il faut traiter le vin comme il est dit ci-dessous. (*Altérations et maladies des vins*).

Pour conserver au vin toutes ses qualités, on doit veiller avec le plus grand soin à ce que les tonneaux soient toujours exactement pleins, et si l'on s'aperçoit qu'il y a du vide, il faut chasser l'air qui s'est ntroduit sur le liquide, s'il est vicié et imprégné de gaz acides. On le chasse au dehors en soufflant avec un soufflet dont on introduit la douille par la bonde, mais sans toucher au liquide. Cela fait, remplissez avec un vin de même qualité, s'il s'agit de vin de garde et au-dessus de l'ordinaire, et frappez doucement pour faire monter les *fleurs* qui sont fixées au fût et les faire sortir par la bonde.

Le ouillage est un soin que l'on ne doit pas négliger; plus il manque de liquide, plus l'évaporation est rapide; car elle augmente en raison des surfaces exposées à l'action de l'air contenu dans le tonneau. S'il manque un litre dans le premier mois, il en manquera trois dans le second.

On doit débonder de temps en temps les fûts, afin de s'assurer si le vin ne travaille plus; car l'accumulation du gaz pourrait déterminer des fuites et par suite la perte du liquide.

Vin vieux. — Les vins vieux réclament peu de soin à cette époque; il faut seulement les remplir avec toute l'exactitude nécessaire pour qu'il n'y ait jamais plus d'un à deux verres de vidange dans les fûts.

Dans les caves humides, souvent les cercles se moisissent à cette époque; il est nécessaire d'en faire remplacer une partie. Il faut s'assurer si cette précaution n'est pas utile et si l'on peut attendre que les gelées soient venues pour pratiquer le soutirage ainsi devenu nécessaire.

Si le temps est froid et le ciel pur, on peut commencer le collage des vins vieux destinés à être mis en bouteilles.

Il y a des gens assez peu soigneux pour négliger

le collage des vins de bouteilles, c'est une faute très-grave ; car ceux qui n'ont pas été collés se conservent moins bien, ne sont jamais limpides ; il n'ont pas de bouquet ou en ont moins, et ils déposent toujours. Il faut donc coller, et coller avec des substances qui atteignent convenablement le but. Les colles qui réussissent le mieux sont la *poudre anglaise* (cette poudre a été récompensée à l'Exposition de Saint-Dizier, pour ses propriétés exceptionnelles), la *poudre des vins de Bordeaux* et la *poudre des vins du Midi* (1). Ne collez jamais les vins vieux avec la gélatine ni avec les blancs d'œufs ; ce moyen de clarification cause parfois la perte des bons vins, et surtout des vins vieux ; à plus forte raison, rejetez le sang frais et une foule d'autres ingrédients. Au surplus, si vous voulez connaître à fond tout ce qui touche à la clarification des vins, consultez le *Manuel de l'Amélioration des Liquides* (2).

Un vin, quelles que soient du reste ses qualités et sa constitution, n'est jamais un vin de bouteille ni un bon vin s'il n'a pas du bouquet et de la sève. Il faut non-seulement que le vin de bouteille soit généreux et fortifiant, il faut qu'il soit agréable et parfumé. Un vin sans bouquet, ne possédant que l'arôme générique des vins ordinaires, n'est pas digne de figurer sur une table de gourmets. Cadet de Vaux a dit : « Si un vin n'a pas de bouquet, donnons-lui en un.... L'art s'entend parfaitement à les composer.

(1) Voir la Liste des produits œnologiques à la fin de cet ouvrage.

(2) Un vol. in-18 3 fr., à la Librairie Roret.

Laissons les gourmets s'extasier sur les bouquets de la nature, comme s'ils étaient autres que ceux de l'art.... Combien de ces gourmets-là tromperaient la maîtresse de maison!... »

Le bouquet et la sève des vins ont préoccupé de tout temps les œnologues et les dégustateurs. Lenoir, dans son *Traité de la Culture de la vigne*, dit :

« . . Quant à l'arôme (le bouquet et la sève), il ne manquera pas aux bons vins, soit que le sol le donne naturellement, soit qu'on l'ajoute.

» Je sens que ce mot sonnera mal à beaucoup d'oreilles; cependant, pour peu qu'on y réfléchisse, on s'apercevra de suite que de toutes les additions qu'on peut se permettre de faire aux vins, et on s'en permet beaucoup, c'est certainement celle qui changerait le moins les proportions naturelles des principes constituants du vin.

» Cet arôme n'imitera jamais celui des grands vins, produits par les terrains (et les plants) privilégiés! Qu'importe, s'il est tout aussi agréable, et si surtout il est uni à une saveur aussi parfaite?

» Mais ce ne sera plus du vin naturel! A cela on peut répondre par une observation bien simple, et dont tout le monde peut apprécier la justesse : c'est que tout vin prend dans le tonneau où on le renferme, dix fois, cent fois peut-être plus de matière extractive du bois, qu'il ne faudrait y ajouter d'une substance quelconque pour lui communiquer un arôme très-prononcé. »

Ces bouquets, on les trouve maintenant tout faits;

il y a des œnologues qui les vendent tout préparés, et personne ne se plaindra de ce que la chimie œnologique met à la disposition des amateurs de bons vins, le *bouquet de Pomard*, le *bouquet ou extrait de Bordeaux*, la *sève de Médoc*, *de Champagne*, *des vins blancs vieux*, *de Sillery*, *etc.* (1).

Il y a beaucoup de vins sans bouquet; il y en a dont le bouquet ne se développe que très-tard et selon qu'ils sont plus ou moins alcooliques et colorés. La science a donc fait une chose utile en créant des préparations dont une ou deux cuillerées suffisent pour vieillir de trois ou quatre ans ces vins, sans les rendre moins bienfaisants; (nous avons bu plusieurs fois d'un seul trait la dose nécessaire à parfumer une pièce de vin, et cela ne nous a pas plus incommodé que de prendre une cuillerée de confitures).

Vins en bouteilles. — Les vins en bouteilles ne réclament en ce mois d'autres soins que la visite des bouchons, afin de s'assurer si la pourriture et les vers ne les ont pas endommagés. On remplace ceux qui sont défectueux, et on les goudronne s'ils ne le sont pas. Pour les vins fins, nous recommandons le capsulage sur le goudron, à l'aide de capsules métalliques qui sont le plus sûr moyen d'empêcher la destruction du goudron et des bouchons (1).

Si l'on avait du vin amer, il serait encore temps de le traiter comme nous l'avons dit dans le mois précédent. Seulement, comme on pourrait déjà se procurer de la lie fraîche, on peut s'en servir pour

(1) Voir la Liste des produits œnologiques à la fin de cet ouvrage.

les vins communs au lieu de vin nouveau. 6 à 7 litres par hectolitre sont suffisants.

Cidre (1). — Voulez-vous faire de bon cidre, du cidre qui sera recherché et se vendra trois fois le prix du cidre ordinaire, qui se conservera sain pendant des années? Si, oui, opérez comme il suit :

Rejetez les pommes pourries, écrasez les bonnes avec soin, pressez-les pour en extraire le suc, mais sans ajouter d'eau, et enfûtez dans des vases sains. N'ajoutez de l'eau que pour faire une boisson pour l'usage domestique et utiliser le marc qui contient encore du mucilage et un peu de suc. Pour donner de la force à cette boisson, on peut ajouter 2 kilog. de sucre brut ou cassonade par hectolitre d'eau employée. — Ainsi fait, le cidre se conservera aussi longtemps que le vin, en prenant quelques précautions que nous indiquerons dans le cours de cet ouvrage.

L'addition d'eau rend le cidre louche et le pousse à la fermentation acéteuse; c'est pourquoi il sûrit aux premières chaleurs ou aussitôt qu'il est en vidange.

Distillation des marcs. — On commence à distiller les marcs de raisin. Cette opération se fait généralement dans des appareils grossiers et incomplets. Il est impossible d'obtenir des eaux-de-vie neutres avec

(1) *Manuel du Fabricant de Cidre et de Poiré*, contenant les moyens d'imiter, avec le suc de pomme ou de poire, le Vin de raisin, l'Eau-de-Vie et le Vinaigre de vin, par MM. DUBIEF et F. MALEPEYRE. 1 vol. orné de figures, 2 fr. 50 c., à la Librairie Roret.

de tels ustensiles et des procédés aussi barbares que ceux que l'on emploie.

Pour retirer du marc de raisin des eaux-de-vie de bonne qualité, il faudrait distiller soit à la vapeur, soit au bain-marie et extraire les huiles essentielles qui infectent ces eaux-de-vie. Si l'on ne peut procéder par la vapeur ou au bain-marie, il faut au moins extraire les huiles essentielles. A cet effet, on doit opérer comme il suit :

Pour 100 litres de petites eaux ou eau-de-vie à 30 ou 35° centésimaux, prenez :

Chaux vive.	300 gram.
Eau.	3 litres.

Délayez la chaux dans l'eau, ajoutez-y quelques litres de petites eaux pour en faire un lait de chaux, jetez le tout dans les 100 litres de petites eaux et agitez pour opérer le mélange; laissez en repos pendant 24 heures. Le but de cette opération est de faire séparer les huiles essentielles de l'eau-de-vie et de les faire monter à la surface. Cela fait, on les enlève en promenant une poignée de plumes sur le liquide. Quand elles sont bien imprégnées d'huile, on les presse entre les deux doigts et on recueille cette huile dans un vase pour la vendre.

A l'aide de ce moyen, on obtiendra une eau-de-vie bien supérieure en qualité et d'une vente plus facile. On peut obtenir des résultats bien meilleurs; mais nous ne pouvons nous étendre d'une manière suffisante ici pour les exposer clairement, aussi nous renvoyons ceux qui auraient besoin d'étudier cette matière à fond, au *Manuel de l'Amélioration des Liquides* (1).

Altérations et maladies des vins. — Les vins vieux qui ont résisté jusqu'à ce jour, passent ordinairement l'hiver sans s'altérer; il n'en est pas de même des vins nouveaux qui sont plus ou moins infectés de mauvais goûts résultant du mauvais envaisselage. C'est tantôt le goût de pourri, de moisi, tantôt le goût de rance ou de bois, etc., qui les atteint. Aussitôt que l'on s'aperçoit qu'un vin est *fûté,* il faut immédiatement le soutirer dans un fût méché (soufré) et le coller avec la poudre n° 4, et si le goût est intense, recourir à la préparation des vins fûtés ou moisis (2). Cette préparation enlève indistinctement tous les goûts de fût les plus caractérisés; nous avons vu guérir par ce procédé des vins que nous avions cru être perdus sans ressource.

Quelques œnologues prescrivent l'emploi de l'huile d'olive, à la dose de 250 grammes par hectolitre de vin moisi; mais nous avons eu lieu, bien souvent, de nous convaincre que ce moyen est inefficace, n'équivaut même pas à un collage à la poudre anglaise, et cause beaucoup d'embarras.

Pour compléter le traitement, on colle avec la *poudre anglaise* et on ajoute un des bouquets et sèves dont nous avons parlé plus haut. On s'en trouvera très-bien; mais il ne faut alors en user qu'après que

(1) Un vol. in-18 3 fr., à la Librairie Roret.

(2) Voir la Liste des produits œnologiques à la fin.

le vin a perdu son mauvais goût en entier ou à peu près.

La graisse se déclare souvent aussi immédiatement après la cessation de la fermentation vive ; de tous les moyens indiqués pour guérir cette altération, aucun ne nous a réussi aussi complètement et aussi rapidement que la préparation dite des *vins gras* (1), on colle le vin avec cette poudre, on agite vivement, le lendemain on recommence d'agiter, on colle avec la poudre anglaise et on laisse reposer. — Après clarification, on soutire dans un fût où l'on a brûlé un peu d'alcool. — Il faut toujours soutirer un vin gras qui est sur sa lie avant de le traiter ; car elle lui donnerait mauvais goût, le rendrait plus difficile à guérir et plus long à se clarifier.

Ce n'est guère qu'un mois après que le vin est tiré de la cuve que l'on peut se faire une idée à peu près exacte de sa couleur et de ses qualités. S'il est bon et bien coloré, il faut attendre du temps le développement de ses qualités ; mais s'il est peu coloré, et que l'acide domine, on peut encore, pendant que la fermentation sourde se poursuit, remédier à ces vices naturels.

Pour augmenter la couleur, il suffit d'y ajouter 1 litre de *teinte bordelaise* par hectolitre. Cette addition, loin d'être nuisible, ne fera que vieillir le vin, et la fermentation sourde assimilera la partie sucrée qui profitera encore à la masse.

Nous savons que certains marchands de vin ont

(1) Voir la Liste des produits œnologiques à la fin.

toujours en réserve des jus de fruits et ils en mettent quelque peu. Cette addition est des plus mauvaises, et la couleur qui en résulte est violette ou bleue et se précipite au premier collage.

Quant au vin que l'on croit contenir trop d'acide, il faut le viner immédiatement avec de l'alcool de vin, dans la proportion la plus forte qu'il puisse supporter, économiquement parlant.

DÉCEMBRE.

Vins nouveaux. — C'est en décembre que l'on commence à soutirer les vins nouveaux et à les coller; c'est aussi à cette époque que commencent les grandes expéditions. Nous allons examiner chaque opération, le soutirage et le collage, séparément, pour conserver plus de clarté et de précision dans nos indications.

Soutirage et ouillage. — Il faut, comme dans le mois précédent, continuer de remplir tous les quinze jours les fûts qu'on ne veut pas soutirer de suite.

Si rien ne vous presse, laissez encore vos vins sur lie; mais s'ils sont limpides, s'ils ont un goût de terroir ou de fût, s'ils sont durs et verts, si vous pressentez qu'ils puissent subir un mouvement de fermentation, soutirez-les de suite.

Il existe des localités où l'on croit que le soutirage affaiblit le vin et que la lie le conserve; il y a même bon nombre de vignerons, tant il est vrai que l'on s'habitue aux plus détestables choses, qui préfèrent le vin qui a le goût de lie à celui qui est franc de toutes mauvaises odeur et saveur.

Nous avons combattu de tout temps ce préjugé si généralement répandu dans certaines contrées, et nous avons démontré par la pratique que rien n'était plus absurde que cette routine; mais il n'en est pas moins utile que nous le combattions ici, car il est probable qu'il n'est pas prêt de cesser.

Il est très-facile de se convaincre que la lie n'est pas de nature à *alimenter*, ni à conserver le vin. En effet, de quoi se compose-t-elle? De tartre, de matière végéto-animale, de matières étrangères au vin, telles que de la terre, de la matière colorante non dissoute par l'alcool, ou rejetée par la fermentation; de ferment décomposé, etc., toutes choses qui s'altèrent et se putréfient avec le temps. La lie est donc l'impureté du vin, ses excréments, pour ainsi dire; comment donc expliquer que le vin puisse se nourrir de ce qu'il a rejeté? Comment même admettre que ce ne soit pas pour lui un danger continuel d'être en contact permanent avec un foyer de putréfaction? D'ailleurs, ne sait-on pas qu'au moindre mouvement la lie se mélange au vin et qu'il est souvent, sinon impossible, du moins très-difficile de le clarifier? et que lors même il reste infecté de l'odeur de lie, si désagréable pour ceux qui ne sont pas habitués à boire ces immondices.

A l'appui de ces assertions, nous croyons devoir citer les faits suivants que tout le monde peut vérifier.

Si on perce un fût directement au-dessus de la lie et qu'on examine et déguste le vin qui coulera d'abord, on le trouvera décoloré et entaché d'un mauvais goût, comparativement à celui qu'on tirera à 20 centimètres au-dessus de la lie. Si on l'expose à l'air, il est promptement décomposé; il jaunit, se trouble, moisit et se putréfie en quelques jours; tandis que celui provenant des couches supérieures restera intact pendant le même espace de temps, et ne subira pas les mêmes altérations.

Au mois de février dernier, nous avions à soutirer des vins qui avaient été gras, le premier broc qui coulait était presque incolore, il avait un goût de suif ou d'huile rance insupportable; tandis que le troisième ou quatrième broc était coloré et parfaitement franc de goût.

On conçoit aisément que si une couche de vin de plusieurs centimètres d'épaisseur est altérée aussi profondément, les couches supérieures devront s'altérer de proche en proche, insensiblement, et qu'à une époque donnée, le fût tout entier sera infecté, surtout si un mouvement de fermentation vient à se déterminer ou que la lie soit mêlée au vin par suite d'un déplacement ou de toute autre cause.

Nous conseillons donc de faire ce que nous faisons nous-même en pareil cas; percer le fût le plus bas possible, mettre de côté le premier vin qui coule, afin de ne pas le mêler à celui qui est de bon goût, et ajouter à ce vin, les baissières, le vin louche, etc.

Après un mois ou deux, si on se donne la peine de comparer ces deux vins, on acquerrera bien vite la certitude qu'on a fait une bonne opération en les séparant.

C'est par les soutirages et les collages répétés, que les vins-paysans des environs de Bordeaux sont devenus potables, qu'ils ont perdu leur goût de terroir désagréable, et qu'on les fait passer dans la consommation, avec ou pour les vins de deuxième et de troisième classe.

Les vins fins peuvent rester plus longtemps sur leur lie sans en souffrir, parce qu'ils ont plusieurs années pour se purifier; aussi, ne les soutire-t-on guère avant le mois de février ou de mars.

En résumé, le soutirage doit être fait aussitôt que le vin est éclairci, soit dès le mois de décembre, pour les vins ordinaires et tous ceux qui ont un goût de terroir, soit au mois de mars, au plus tard, s'ils ne sont pas clairs avant cette époque. Pour soutirer les vins, attendez, si c'est possible, que le vent soit au nord, le temps sec et clair; mais faites en sorte de ne pas soutirer quand il est pluvieux ou humide, et que le vent souffle du sud ou de l'ouest.

Nous indiquerons plus tard le moyen de soutirer les vins fins sans laisser évaporer leur bouquet si précieux à conserver.

Tous les vins ont besoin d'être soutirés une fois par an, tant qu'ils sont dans des tonneaux; quand on tient à les avoir bien dépouillés, on doit encore les coller.

Ne déplacez pas un fût de vin sans le soutirer à

nouveau, s'il y a plus de trois ou quatre mois qu'il a été soutiré, car vous vous exposeriez à mêler le dépôt au vin et à le troubler pour longtemps.

Collage et clarification des vins. — On peut déjà commencer à coller les vins qu'on destine à la vente; mais il est préférable d'attendre pour ceux qui doivent rester en cave. Les vins de pressurage doivent l'être à cette époque, ou, au plus tard, en janvier, afin de pouvoir les coller en mars, immédiatement après le soutirage.

Nous rappellerons ici ce que nous avons dit déjà : qu'on doit employer pour la clarification la *poudre anglaise* (1) pour toutes sortes de vins, la *poudre des vins de Bordeaux*, la *poudre des vins du Midi* et la *poudre des vins de Bourgogne*, selon qu'on a à coller l'un ou l'autre de ces vins. Ce sont les meilleurs agents de clarification, les plus prompts, les plus sûrs et les plus économiques. Ces poudres sont préférables aux blancs d'œufs, à la gélatine et autres substances clarifiantes : 1° Parce qu'elles font cinq à six fois moins de lie. — 2° Parce que la lie étant plus pesante, plus compacte et moins volumineuse, elle ne remonte jamais dans le vin. — 3° Parce que si une pièce collée et limpide est déplacée, et que le vin soit troublé par le déplacement, il se clarifie de lui-même en 48 heures, sans qu'il soit besoin de le coller. — 4° Parce qu'un kilogramme de poudre du prix de 10 fr., remplace 7 à 800 blancs d'œufs qui coûtent de 30 à 40 fr. — 5° Parce qu'elles préviennent ou

(1) Voir la Liste des produits œnologiques à la fin de cet ouvrage

empêchent toutes les maladies du vin. — 6° Parce qu'elles conservent au vin toute sa force et sa couleur, tandis que les blancs d'œufs et les gélatines les plus réputées le décolorent et l'affaiblissent. — 7° Parce que de toutes les colles, aucune ne se prête mieux au collage du vin destiné aux expéditions. — 8° Parce que le vin peut rester sur cette colle sans inconvénients, sans avoir besoin de soutirage, pendant quatre ou cinq mois, et même davantage.

Vins en bouteilles. — Si les vins en bouteilles ont déposé ou contracté une maladie quelconque, on peut s'occuper de les soigner. Pour cela, on doit d'abord les dépoter dans un fût propre et légèrement méché. Cela fait, on procède au traitement du vin. S'il est amer ou aigre, il faut employer les moyens que nous avons donnés au mois d'octobre, et s'il a un goût de pourri ou de moisi, suivre les prescriptions que nous avons indiquées au mois de novembre, à l'article *Altérations du vin.* Si le vin est noir ou a perdu sa couleur, il faut le traiter comme il est dit plus bas. (Voir *Altérations et Maladies du vin.*)

On peut mettre le vin en bouteilles pendant le mois de décembre, par un temps froid et clair ; mais il faut l'avoir, au préalable, collé au moins quinze jours auparavant, afin d'éviter qu'il dépose.

Cidre — Si le cidre a achevé sa fermentation, ce qui ne pourrait guère avoir lieu que pour le premier fait, qu'il soit à peu près clair et qu'on veuille le conserver presque doux, il faut le soutirer dans des fûts méchés dont l'intérieur est carbonisé ; si l'on n'a pas de ces fûts, il faut se borner à le soutirer dans un fût fortement méché, et le visiter de temps en temps afin de lui donner de l'air, et de le soutirer et mécher à nouveau, dans le cas où il viendrait à fermenter de rechef. — On peut, par ce moyen, le conserver doux pendant plusieurs années, en arrêtant la fermentation par le soutirage et le soufrage, chaque fois qu'elle se déclare.

On peut commencer à clarifier le cidre fabriqué en septembre, s'il n'y a plus de mouvement de fermentation; on emploie, à cet effet, la poudre anglaise.

Distillation des marcs de pommes (1). — On retire du marc de pommes et de poires, une eau-de-vie qui a un goût *sui generis* très-désagréable; on peut rendre cette eau-de-vie de bonne qualité, en employant le procédé suivant, qui convient également pour les eaux-de-vie de lie de cidre.

Autant que possible, distillez au bain-marie ou à la vapeur, pour obtenir des petites eaux à 12 ou 14 degrés centésimaux; cela fait, délayez, pour 100 litres de ce liquide, 150 grammes de noir animal, 150 grammes de poudre de charbon de bois, et mélangez en agitant le liquide. Agitez encore deux fois, à deux heures d'intervalle, et laissez reposer vingt-quatre heures au moins; soutirez et rectifiez en ajoutant 200 à 240 gram. de *poudre œnanthique rectificatrice n° 1* (2).

(1) *Manuel du Fabricant de Cidre et de Poiré*, contenant les moyens d'imiter, avec le suc de pomme ou de poire, le Vin de raisin, l'Eau-de-vie et le Vinaigre de vin, par MM. Dubief et F. Malepeyre. 1 vol. orné de figures, 2 fr. 50, à la Librairie Roret.

(2) Voir la Liste des produits œnologiques à la fin de cet ouvrage.

Vous obtiendrez, par ce moyen, une eau-de-vie de très-bonne qualité qui, étant vieillie par les moyens qui sont indiqués au *Manuel de l'Amélioration des Liquides* (1), équivaudra à beaucoup d'eaux-de-vie de vin.

Altérations et maladies des vins. — Il arrive fréquemment que les vins vieux, soit à cette époque, soit pendant les chaleurs, éprouvent une maladie provenant de l'altération de la crême de tartre qui se trouve dans leur composition ; le ferment se précipite presque en totalité, et la couleur devient bleue d'abord, puis noire ensuite, si on ne porte pas de remède à cette maladie désorganisatrice.

Les mêmes effets se produisent parfois quand on mélange un vin très-coloré et très-alcoolique avec un vin très-faible et en dégénérescence.

Quand un vin contracte cette maladie, il lui faut porter remède le plus vite possible, car il prend une saveur très-désagréable et s'acétifie promptement : alors le mal est sans remède. — Soutirez ce vin dans un fût méché et collez-le avec la *poudre anglaise*, ou, à défaut, avec deux blancs d'œufs par hectolitre, puis vous ajouterez 20 grammes d'acide tartrique, pour ramener la couleur normale.

Si ce traitement ne suffisait pas, il faudrait recourir à la préparation spéciale dite des *vins noirs ou tournés*, et consulter le *Manuel de l'Amélioration des Liquides*.

(1) Un vol in-18, 3 fr., à la Librairie Roret.

JANVIER.

Vins nouveaux. — Les soins que nous avons recommandés de prendre pendant les mois de novembre et décembre doivent être continués en janvier. Il faut de plus, veiller à ce que les caves et celliers ne restent pas ouverts pendant les fortes gelées, ou fermés trop hermétiquement quand il survient quelques beaux jours.

Si les celliers restent ouverts pendant les fortes gelées, le vin peut se congéler, et si on ne leur donne pas assez d'air, la moisissure peut attaquer les cercles et les détruire promptement.

Si le vin est gelé, il faut prendre les précautions indiquées plus bas (*altérations du vin*); si le lieu où est renfermé le vin est humide, il faut donner de l'air toutes les fois que le temps est clair, placer les fûts sur des chantiers élevés, nettoyer au balai la cave au moins une fois par semaine, pour détruire les champignons de moisissure et semer même un peu de chaux vive et de sable sous les fûts. En employant ces petits moyens, on conservera le vin et les cercles, et on évitera ainsi un *reliage* tous les ans.

Malgré toutes ces précautions, on doit visiter les tonneaux de temps en temps, et *sonder* les cercles qui paraissent douteux en frappant légèrement dessus, ou en les soulevant à l'aide d'un morceau de fer; et si l'on en trouvait plusieurs de cassés, il faudrait les remplacer de suite. — Il est bon d'avoir toujours à sa disposition un cercle de fer brisé et même deux, qu'on peut allonger ou rétrécir à volonté; c'est une faible dépense qui met souvent à l'abri de la perte d'une pièce de vin. Si l'on s'aperçoit qu'une pièce menace de fuir, on applique un de ces cercles ou même deux, et l'on a ainsi le temps de pratiquer le soutirage ou de recourir au tonnelier (1).

Si l'on n'avait pas de cercle de fer, on pourrait le suppléer par une corde qu'on noue d'abord et qu'on serre ensuite à l'aide d'un bâton qu'on tourne sur lui-même, jusqu'à ce que l'on suppose la pression assez forte pour maintenir les douves en place.

Si le tonneau fuit par un bout seulement et que la pression exercée soit avec le cercle en fer, soit avec la corde, soit insuffisante pour l'empêcher de couler, il faut mettre ce fût debout, sur le fond qui ne présente pas de danger de fuite.

Vins vieux. — Il faut visiter de temps en temps les

(1) *Manuel du Tonnelier*, par M. PAULIN-DÉSORMEAUX. 1 vol. in-18, orné de figures, 3 fr., à la Librairie Roret.

vins vieux et même les déguster, afin de remédier de suite aux altérations qu'ils peuvent contracter; car plus on attend, plus la maladie fait de progrès et plus elle est difficile à guérir.

Il est de la dernière importance, ainsi que nous l'avons déjà dit, de remplir exactement les fûts de vins vieux, avec du vin de mêmes âge et qualité. — Il est également utile de changer la toile qui entoure la bonde, après chaque remplissage, et d'essuyer fortement la bonde elle-même, afin de faire disparaître les traces d'acide; car la bonde et le linge s'aigrissent aussitôt qu'ils cessent de tremper dans le vin. — S'il y a des fleurs, opérer comme nous l'avons dit au mois de novembre.

On reconnaît la présence de l'acide en introduisant dans le vide du fût, un peu de papier enflammé. Si le papier brûle, c'est qu'il n'y a pas de gaz, s'il ne brûle pas, c'est le cas de chasser l'air vicié, et même de brûler un peu de mèche soufrée sur le vin.

On chasse l'air vicié très-facilement en introduisant dans le fût et par la bonde la douille d'un soufflet qu'on fait jouer jusqu'à déplacement complet de l'air, ce dont on s'assure en introduisant du papier enflammé jusqu'à ce qu'il ne cesse pas de brûler.

Soutirage et clarification des vins. — C'est l'époque de soutirer et de clarifier les vins destinés soit à la vente ou aux expéditions, soit à être mis en bouteilles.

Tout le monde sait ce que c'est que de soutirer du vin et connaît la manière ordinaire de faire cette opération; mais ce qu'on ne sait pas assez, c'est que l'on doit autant que possible éviter de mettre le vin en contact avec l'air pour empêcher la déperdition d'une partie de l'alcool et du bouquet du vin.

Si votre vin a un goût de terroir, vous pouvez sans crainte l'exposer à l'air, parce qu'il perdra de son mauvais goût et de son odeur, et en remplaçant l'alcool évaporé, vous aurez peut-être un vin plus agréable; mais si vous avez un vin délicat et parfumé, soutirez-le à l'abri de l'air, c'est-à-dire, avec une cannelle à l'extrémité de laquelle vous aurez mis un tube en cuir ou en caoutchouc bien nettoyé, pour éviter le mauvais goût.

Si votre vin est resté sur la lie, si vous tenez à lui donner cette belle limpidité si recherchée, ce bouquet si délicat, si parfumé, si exquis, si vous voulez affranchir un vin de son goût de terroir, collez avec la *poudre anglaise* (1) à la dose de 10 grammes seulement par hectolitre, 15 au plus. N'employez ni les blancs d'œufs dont l'effet est incertain et qui produisent, parfois, l'amertume ou l'aigre, ni la gélatine qui n'agit qu'en décolorant le vin et en lui faisant perdre son bouquet, en provoquant l'aigre et en faisant un déchet considérable. — Il est sans doute plus facile d'employer des blancs d'œufs, parce qu'on les a toujours sous la main; mais qu'est-ce qu'une dépense de 10 centimes par hectolitre de vin, pour en assurer la conservation, la limpidité et toutes les qualités possibles? Le vin collé avec la poudre anglaise reste limpide pour toujours et est à l'abri de toutes maladies,

(1) Voir la Liste des produits œnologiques à la fin de cet ouvrage.

à moins de circonstances extraordinaires. Ceux qui désireraient se renseigner d'une manière exacte sur la clarification des vins, pourront le faire en consultant le *Manuel de l'Amélioration des Liquides* (1).

Bouquet, sève du vin et arôme. — Le bouquet du vin est le parfum qui s'exhale quand on échauffe son verre en le tenant à la main. L'odorat le perçoit facilement en portant le verre près du nez. — La sève et l'arôme sont la saveur qu'on perçoit pendant que l'on boit, ou après que le vin est bu.

Nous n'avons pas l'intention de faire un cours de dégustation, mais purement et simplement d'expliquer sommairement des faits qui ne sont pas assez généralement connus, en renvoyant ceux qui voudraient approfondir les dégustations au *Manuel de l'Amélioration des Liquides*.

Le bouquet et la sève sont le point caractéristique des bons vins et des vins agréables. Il n'y a donc ni bons vins, ni vins agréables sans eux. L'arôme est le goût de terroir ou la saveur propre à chaque raisin. Il est presque toujours désagréable. — Le *bouquet* est dû à la présence de l'éther œnanthique contenu dans le vin, la *sève* est due à la combinaison des acides et sels organiques, l'*arôme* à l'enveloppe du raisin. Le premier et le second sont le résultat de la fermentation, le troisième est tout formé dans la grappe.

Il faut donc s'attacher à donner aux vins du bouquet et de la sève, et à détruire les arômes. On y

(1) Un vol. in-18, 3 fr., à la Librairie Roret.

parvient de plusieurs manières : 1° en soutirant et collant le vin au plus tard en janvier; 2° en tenant les fûts toujours pleins; 3° en les remplissant avec du vin du même crû et de même année; 4° en ajoutant un *bouquet : extrait de Bordeaux, Pomard, sève de Médoc, de l'Hermitage*, etc., pour les vins rouges, ou une *sève de Chablis, des vins blancs vieux, de Champagne*, etc., pour les vins blancs (1), en faisant des coupages à la façon de Bordeaux, Cette, Lunel, Marseille, etc., avec des vins d'Espagne.

L'addition de ces vins et des produits œnologiques donne des bouquets et sèves factices des plus agréables et des plus recherchés; mais il est évident que les coupages sont difficiles et dispendieux, tandis que l'emploi des *bouquets et sèves œnologiques* est à la fois plus facile et plus économique. L'art de couper les vins est difficile et demande beaucoup de tact et d'habitude. Aussi, nous conseillons ceux qui soignent les vins à consulter le *Manuel de l'Amélioration des Liquides* qui contient l'art *de couper et d'imiter les vins* de tous les crûs (2).

Les coupages ou mélanges ont plusieurs buts : 1° ils améliorent les vins médiocres; 2° ils servent à colorer les vins blancs ou les vins pâles; 3° ils remontent les vins faibles; 4° ils rétablissent certains vins malades; 5° ils détruisent ou affaiblissent les mauvaises saveurs et arômes.

Comme on le voit, les mélanges ou coupages sont d'une grande importance et d'une grande utilité;

(1) Voir la Liste des produits œnologiques à la fin de cet ouvrage.
(2) Un vol. in-18, 3 francs, à la Librairie Roret.

mais il faut savoir les faire, autrement, on court le risque de causer la perte des vins mélangés maladroitement.

Congélation des vins. — La congélation des vins a pour effet de séparer l'eau du vin; l'eau se solidifie par le froid, et le vin reste liquide. C'est ce qui a donné lieu à un système d'amélioration du vin dans les mauvaises années, système qu'on pratique de la manière suivante : on expose les tonneaux à une gelée intense, et quand la quantité d'eau gelée est jugée suffisante, on soutire et on remet le vin en cave. On soustrait ainsi une forte quantité d'eau qui contient du ferment très-nuisible à la conservation du vin, dans les années où il est faible en alcool. L'amélioration par la congélation est donc bien réelle et vaut la peine d'être pratiquée, toutes les fois que les vins fins se trouvent dans le cas ci-dessus. Faite sur des vins ordinaires, elle ne nous paraît pas d'une grande utilité.

On doit éviter de laisser dégeler le vin, car alors il serait entièrement perdu. Il faut soutirer de suite la partie liquide.

Ce genre d'amélioration ne convient guère qu'aux vins fins, car il n'offrirait aucun avantage étant pratiqué sur des vins ordinaires.

MM. Thénard et de Vergnette ont essayé d'introduire en Bourgogne un système de congélation par le froid artificiel, ce qui permet de diriger convenablement l'opération et d'éviter les pertes qui résultent d'un dégel subit; mais nous doutons qu'il soit jamais sérieusement pratiqué.

Vins en bouteilles. — Janvier est l'époque à laquelle on peut mettre le vin en bouteilles avec le plus de sécurité. On doit donc faire cette opération pendant ce mois, en ayant le soin de se conformer aux prescriptions que nous avons données en novembre et en décembre.

Nous recommandons ici de ne jamais se servir de plomb pour le rinçage des bouteilles, car il en reste très-souvent des grains fixés au fond, et l'acide, en décomposant ce plomb, constitue un poison d'autant plus terrible, qu'il est lent et insensible, et que quand on reconnaît son action, il est toujours trop tard pour en détruire l'effet.

Pour rincer vos bouteilles, servez-vous de grains de sable et de brosses. Vous y perdrez quelques instants, mais c'est là une mince affaire. D'ailleurs, en remplissant d'eau les bouteilles, et en les laissant pleines pendant une ou deux journées, elles se nettoient facilement. Plutôt que de rincer la bouteille avant d'y mettre le vin, il est bien préférable de le faire le jour même qu'on la vide. On la place ensuite, le goulot renversé dans les trous d'une planche disposée à cet effet, et quand on en a besoin, il suffit d'y passer de l'eau; c'est ainsi que toute personne soigneuse doit agir.

Altérations et maladies du vin. — Janvier est le mois de l'année où l'on remarque le moins de dégénérescence dans les vins. Aussi ne parlerons-nous ici que de celle qui lui survient accidentellement, *le gel.* Le vin qui est gelé doit être soutiré aussitôt qu'on le peut, afin de séparer la partie liquide et spiritueuse de la partie solide qui n'est que de l'eau glacée. Si le vin a dégelé et que l'eau se mélange à la partie qui n'a pas gelé, il se trouble, perd sa couleur, devient fade et insipide. Pour remédier à ces inconvénients, il faut : 1° ajouter un demi-litre d'alcool de vin par hectolitre; 2° un litre de teinte bordelaise (1) pour ramener le vin à une bonne couleur; 3° coller. Il est entendu qu'à chaque addition, on doit donner un léger coup de fouet. Après la clarification, on soutire dans un fût méché, ou on met en bouteilles s'il s'agit de vin vieux.

A la fin de janvier, les vins nouveaux doivent être limpides; s'il y en a qui ne le sont pas, il faudra les déguster et rechercher la cause qui a produit cette altération, car c'en est une qui peut conduire le vin rapidement à toutes les dégénérescences.

Les causes qui rendent le vin trouble à cette époque, ou plutôt qui en ont empêché la clarification et le dépouillement, sont de natures diverses. Tantôt, c'est le défaut de maturité du raisin; tantôt, c'est que la fermentation a été lente et qu'elle se continue sourdement; ou bien encore, qu'elle est incomplète.

Dans le premier cas, il faut viner le vin, en y ajoutant 1 ou 2 litres d'alcool par hectolitre, après l'avoir préalablement soutiré. Si c'est le défaut de fermentation, ou qu'elle soit incomplète, il faut opérer comme il suit :

Pour 100 litres de vin, prenez :

Sucre. . . . . 1 kilog.

(1) Voir la Liste des produits œnologiques à la fin de cet ouvrage.

Lie de vie blanc épaisse. . . . . 2 litres.
Eau. . . . . 1 litre.

Faites dissoudre le sucre dans l'eau chaude, et versez dans le fût. Ajoutez-y les 2 litres de lie de vin blanc et agitez. La fermentation se déclarera et le vin se clarifiera en fort peu de temps.

FÉVRIER.

Vins nouveaux. — Pendant ce mois, les travaux à faire pour les vins nouveaux sont le *soutirage,* le *collage,* le *rangement des tonneaux* et le traitement des *altérations* qui lui sont survenues depuis le mois précédent.

Vins vieux. — Il faut redoubler de surveillance pour les vins vieux, et consulter tout ce que nous avons dit précédemment. On continue de mettre en bouteilles ceux dont la maturité est arrivée à bon point, c'est-à-dire assez avancée. L'instant de mettre en bouteilles doit être scrupuleusement étudié; car si l'on pratique cette opération trop tôt, le vin reste dur, n'acquiert pas cette sève, ce bouquet, cette finesse, ce velouté qui font les délices des dégustateurs; trop tard, ces dernières qualités sont dépassées, affaiblies : le vin se décolore et prend une saveur particulière qu'on désigne sous le nom de *rance* (on dit qu'un vin est rance ou qu'il *vieillarde* quand il s'est affaibli, et que la sève et le bouquet ont pris un caractère de rancidité sensible). Nous allons examiner rapidement les moyens d'éviter l'un et l'autre de ces inconvénients.

De l'instant propre à mettre les vins en bouteilles. — Tous les vins ne sont pas bons à mettre en bouteilles au même âge : les uns sont assez vieux à un an, d'autres demandent trois, quatre, cinq ans de fût, et même davantage.

Quel que soit l'âge, il faut que le vin présente les caractères suivants :

1° Qu'il soit parfaitement limpide et qu'il ait subi au moins trois collages et quatre soutirages;

2° Qu'il soit complètement dépouillé de sa couleur violette, et que celle-ci soit remplacée par une nuance pourpre; c'est-à-dire rouge avec un reflet jaunâtre;

3° Qu'il ait perdu toute son acidité, son goût de râfle ou de nouveau;

4° Qu'il ait gagné le bouquet qui lui est propre quand il a vieilli, qu'il soit moelleux ou qu'il ne fasse plus éprouver aucune sensation de constriction à la bouche lors de la dégustation;

5° Qu'il n'ait aucun mauvais goût ni aucune maladie ou altération;

6° Qu'il soit brillant, et qu'en échauffant le verre, en le tenant à la main, le bouquet augmente de finesse et d'intensité, et que la sève soit plus pénétrante, plus développée et plus durable;

7° Enfin, qu'il ne rappelle en rien le vin nouveau, ni comme goût, ni comme couleur, ni comme mode d'action sur les organes de la dégustation et de la digestion. Le vin mûr donne de la gaieté ; le vin nouveau alourdit et donne de l'indigestion. Le premier protège l'estomac en l'échauffant doucement; l'autre l'engourdit et irrite tous les organes qu'il a touchés, donne des aigreurs et fatigue le cerveau.

D'après ce qui précède, il sera facile de se rendre compte du moment opportun pour mettre le vin en bouteilles. Qu'on sache bien qu'un bon vin doit non-seulement présenter l'un ou l'autre de ces caractères, mais qu'il faut qu'il les ait tous.

Quand le vin est dans cet état, on le colle avec la poudre anglaise (1) et non avec d'autres substances; car on pourrait bien le troubler au lieu de l'éclaircir, et on le met en bouteilles.

Soutirage des vins. — Le mois de février est une des grandes époques du soutirage. Le vigneron, comme le marchand de vin, comme le propriétaire qui a des vins dans sa cave, doivent soutirer à la fin de ce mois, ou au plus tard, au commencement de l'autre. Nous ne décrirons pas la manière de soutirer; elle est connue de tout le monde; seulement, nous renverrons le lecteur à ce que nous avons dit de sommaire au mois de janvier, et pour plus amples renseignements, au *Manuel de l'Amélioration des Liquides* (2).

(1) Voir à la fin la Liste des produits œnologiques.

(2) Un vol. in-18, 3 francs, à la Librairie Roret.

Nous recommandons au lecteur de consulter à nouveau ce que nous avons dit sur cette matière à l'article *soutirage* du mois de décembre.

Collage. — Tout vin soutiré doit être collé immédiatement si l'on tient à avoir un vin franc de goût et de garde. Ce collage entraîne naturellement avec lui l'obligation d'un nouveau soutirage en mars ou commencement d'avril, au plus tard le 15.

Quant au choix des substances propres à clarifier, nous renvoyons à l'article *Collage et clarification* du mois de décembre. On verra pourquoi il faut donner la préférence à la poudre anglaise.

Rangement des tonneaux. — Les tonneaux doivent être placés sur des chantiers élevés de 18 à 25 centimètres et assez solides (de 14 à 16 centimètres carrés) pour ne pas fléchir. Ces madriers doivent être supportés par des traverses de 8 à 12 centimètres carrés placées à 1^{m}.50 l'une de l'autre. — Les tonneaux doivent être placés horizontalement, c'est-à-dire, de manière à ce qu'ils ne penchent ni en avant ni en arrière. Il doit exister entre le mur et les tonneaux un espace vide d'au moins 25 centimètres pour qu'on puisse s'assurer, avec une chandelle à la main, s'il n'y a pas des fuites et aussi pour laisser librement circuler l'air si nécessaire à la conservation des fûts.

Bonde de côté. — Quand un vin a été soutiré dans un tonneau frais de lie, que ce vin est susceptible d'être conservé d'une année à l'autre, on le tourne de manière que la bonde soit de côté ; de cette façon elle baigne constamment dans le vin, ce qui évite l'introduction de l'air dans le tonneau, et le remplissage pendant 8 mois au moins si la cave n'est ni trop sèche ni trop chaude.

Vins en bouteilles. — Tout ce que nous avons dit précédemment de la mise en bouteilles s'applique à cette époque; excepté les cas particuliers que nous avons signalés. Nous ajouterons seulement que si l'on a à opérer sur du vin qui n'a pas de bouquet, on devra y ajouter soit un *Bouquet de Pomard, de Bordeaux* ou une *Sève de l'Hermitage* (1), afin de l'améliorer et de le vieillir de suite. Comme cette époque est l'une des plus importantes pour la mise en bouteilles, nous allons donner la manière de les ranger, ce qui n'est pas sans importance.

Rangement des bouteilles pleines (2). — Pour bien ranger les bouteilles pleines et éviter la casse et la détérioration du vin, il faut :

1° Niveler le sol le plus exactement possible, dans l'endroit où l'on doit monter la pile;

2° Mettre toutes les bouteilles de même modèle et de même force ensemble, pour en faire des piles séparées, ou un rang, qu'on place par-dessus la pile, s'il n'y en a pas beaucoup de différentes forces, afin que les grosses ne supportent pas à elles seules toute la charge des rangs supérieurs;

3° Placer un rang de quatre ou cinq lattes superposées pour supporter le goulot, entre les deux rangs

(1) Voir la Liste des produits œnologiques à la fin de cet ouvrage.

(2) *Manuel du Sommelier*, ou la manière de soigner les vins, de les clarifier et de les rétablir, par MM. A. et C. E. JULLIEN. 1 volume in-18, 3 francs, à la Librairie Roret.

de bouteilles, dont le premier a le pied contre le mur, et le second du côté de la cave; puis une latte simple pour supporter le talon de la bouteille;

4° Retourner la bouteille sens dessus dessous, pour mouiller le bouchon et chasser les bulles d'air s'il y en a, afin d'éviter la moisissure et autres accidents;

5° Placer horizontalement les bouteilles de telle façon que le vin touche au bouchon et l'humecte, sans pour cela que le dépôt du vin puisse tomber sur le bouchon, ce qui arriverait, si elles avaient le pied plus haut que le goulot;

6° Ménager un vide de 3 à 4 centimètres entre chaque bouteille et faire croiser les goulots sur le rang de lattes;

7° Caler avec des bouchons coupés en biseaux, les bouteilles de chaque extrémité et de chaque rang, afin d'éviter tout déplacement ou dérangement;

8° Pour le second rang et les suivants, mettre une latte sur le pied des bouteilles et sur les goulots, le plus perpendiculairement possible sur le rang du bas;

9° Placer sur ces rangs de lattes les bouteilles comme sur le premier rang, et ainsi de suite, jusqu'à la hauteur de 1 mètre 1/2 à 2 mètres.

On peut faire aussi des piles simples en croisant les bouteilles; dans ce cas, on opère de même que nous venons de le dire, en ayant le soin de placer les bouteilles de niveau en appuyant également les goulots sur un premier rang de plusieurs lattes.

Altérations et maladies du vin. — Les altérations du vin sont encore peu importantes à cette époque de l'année, elles se bornent à l'aigre et à la moisissure, provenant de la mauvaise fabrication ou du défaut de soins dans l'enfûtage. Nous avons déjà traité de ces maladies, nous renvoyons donc le lecteur à ce que nous en avons dit en octobre et novembre, et aussi à ce que nous en dirons plus loin, aux mois de chaleur, où l'aigre, la pousse, l'évent et l'amer se produisent plus spécialement ; dans tous les cas, consulter le *Manuel de l'Amélioration des Liquides*, pour plus amples renseignements.

C'est à la fin de février que l'on peut juger d'une manière bien précise du mérite des vins. — On peut les classer généralement comme il suit : verts ou durs, tendres ou mous, forts, faibles, colorés, peu colorés.

Indépendamment de ces qualités, ils sont limpides ou louches.

Il est rare qu'un vin fort ne se soit pas éclairci, à moins qu'il manque de ferment et qu'il soit sucré ; dans ce cas, il faut le traiter comme nous l'avons dit à la page 49. S'il est faible, il faudra le viner ; s'il est dur, il faudra le soutirer et le viner, ou recourir à la désacidification [voir le *Manuel de l'Amélioration des Liquides* (1)]. — S'il est très-coloré et que cela puisse nuire à la vente, on peut le soutirer dans un fût soufré et le coller énergiquement avec la *poudre anglaise*, à la dose de 25 grammes par hectolitre. Il prendra

(1) Un vol. in-18, 3 fr., à la Librairie Roret.

alors la couleur pourpre, propre aux bons vins, se dépouillera rapidement et gagnera en qualités. S'il est tendre, il faudra lui donner du ton avec le *durcisseur* (1) qui le rendra frais et riche comme les vins de Bordeaux nouveaux, et lui communiquera la propriété de se conserver plus longtemps.

(1) Voir la Liste des produits œnologiques à la fin.

MARS.

Vins nouveaux. — Encore un mois et les vins nouveaux vont passer à l'état de vins vieux; en effet, le soutirage achevé, ces vins n'exigeront plus d'autres soins que ceux demandés par les vins vieux.

On doit profiter du soutirage pour placer le vin dans les caves ou les celliers frais, pour qu'ils puissent y passer l'été sans danger. En hiver, il suffit que le vin soit à l'abri des fortes gelées. Plus il fait froid, plus vite le vin se clarifie et se dépouille; mais, le printemps arrivé, il faut que les fûts soient à l'abri de la chaleur et des variations brusques de température qui surviennent à cette époque de même qu'en été, et qui mettent le vin en danger de contracter diverses altérations.

Les vins nouveaux soutirés et encavés, devront être

simplement remplis avec exactitude jusqu'à l'automne si on doit les conserver jusqu'à cette époque; si, au contraire, ils doivent entrer dans le commerce ou dans la consommation, il faut les coller immédiatement avec la poudre anglaise (1) pour les vieillir et les dépouiller du reste de la grosse lie, et les soutirer soit au moment de la vente, si elle doit avoir lieu avant le mois de juin, soit au mois d'avril : car ils peuvent, sans inconvénient, rester sur colle tout ce temps.

Les gros vins, les vins fins, devront, quand même, recevoir un collage immédiatement après le soutirage et subir un second soutirage aussitôt après clarification.

Quant aux vins fins, on devra se servir pour les soutirer de l'appareil dont nous avons parlé déjà, c'est-à-dire d'un boyau de cuir adapté à une cannelle (Voir *l'article soutirage, au mois de janvier*).

Vins vieux. — Les vins vieux doivent être soutirés au plus tard à cette époque. On devra les déguster avec soin et s'assurer s'ils n'ont pas besoin d'être mis en bouteilles. Si ce sont des vins faibles, provenant d'une mauvaise récolte, ils devront recevoir une addition de vin fort ou de vin nouveau si l'on veut qu'ils traversent l'été, ou même qu'ils atteignent le mois de juillet sans altération.

Pour opérer les coupages et remonter les vins, il y a un travail fort simple à faire ; mais il nous est impossible de l'indiquer d'une manière assez complète

(1) Voir la Liste des produits œnologiques à la fin.

ici; aussi renvoyons-nous nos lecteurs au *Manuel de l'Amélioration des Liquides* (1).

Soutirage. — Le mois de mars est l'époque des plus grands soutirages : ils doivent être terminés tous à cette époque, lors même que les vins ne seraient pas éclaircis entièrement. Une plus longue attente, loin d'amener une amélioration dans la limpidité, ne ferait qu'accroître la difficulté de clarifier et les chances d'altération.

Nous avons dit précédemment tout ce qu'il y a à faire pour pratiquer le soutirage même des vins vieux, et à l'aide des tubes en cuir, en toile ou en caoutchouc pour éviter la déperdition de l'alcool et du bouquet ; nous allons terminer nos observations sur ce sujet, en indiquant le mode d'opérer que nous n'avons pas décrit et que nous recommandons dans le cas qui nous occupe.

Ayez un tube en cuir ou en caoutchouc bien nettoyé et lavé à l'eau chaude, muni d'un robinet à chaque extrémité : mettez un robinet dans la pièce à remplir, puis l'autre dans la pièce à vider, mettez les deux pièces à la même hauteur, ouvrez le robinet de la pièce vide, puis celui de la pièce pleine, et le vin passera de l'une dans l'autre sans subir le contact de l'air. La pièce vide à moitié, le travail s'arrête, puisque les deux liquides étant de niveau, la pression disparaît et le liquide cesse de couler. Pour compléter l'opération, prenez un fort soufflet, que vous introduirez par la bonde, et faites-le jouer jusqu'à ce

(1) Un vol. in-18, 3 fr., à la Librairie Roret.

que la pièce soit complètement vide, puis fermez le robinet. Lavez votre fût vide et recommencez l'opération dans le sens inverse ; car il est bon de ne pas changer le bon vin de fût : cela ne se fait pas impunément et sans altérer plus ou moins le bouquet et la sève du vin.

Soutirage des vins blancs. — Le contact de l'air fait jaunir les vins blancs ; c'est donc le cas d'employer la méthode que nous venons de décrire ; car, non-seulement les vins jaunes sont désagréables à l'œil, mais ils ne le deviennent pas sans s'altérer plus ou moins. Il est toujours prudent de soufrer les vins blancs lors du soutirage, pour éviter la coloration et la fermentation.

Vins en bouteilles. — On doit terminer la mise des vins en bouteilles pendant ce mois, si l'on veut s'assurer contre toutes les avaries résultant de ce travail fait à contre-temps.

Les vins qui sont en bouteilles ne subissent que bien rarement des altérations à cette époque. Si l'on en découvre, souvent elles remontent à une époque plus reculée, à moins de circonstances accidentelles, telles que le séjournement dans les eaux pendant les inondations, le déplacement, etc. Dans ce cas, il faut recourir aux moyens que nous avons déjà prescrits. Si le vin n'est que trouble, il est de toute probabilité qu'il pourra encore se clarifier avant les chaleurs, et on en sera quitte pour le dépoter au moment de le boire.

Cidres. — Le cidre doit être soutiré à cette époque

au risque de le voir se convertir en vinaigre dès les premières chaleurs; nous n'avons pas à revenir sur ce que nous avons dit précédemment à ce sujet. Nous avons suffisamment démontré que la lie doit être promptement séparée du cidre comme du vin, et que la plus grande des erreurs, celle qui entraîne la perte d'une quantité considérable, est bien la mauvaise habitude de laisser ces liquides séjourner trop longtemps sur leur lie. (Voir, pour plus de détails, le *Manuel du Fabricant de Cidre*. 1 vol. in-18, 2 fr. 50, à la librairie Roret, rue Hautefeuille, 12, à Paris.)

Distillation des lies de vin et des lies de cidre.—Tous ce que nous avons dit de la distillation des marcs est applicable aux lies. Seulement, il y a une difficulté de plus à vaincre ici, c'est que les lies épaisses se boursoufflent et passent par le serpentin sans distiller. Il faut donc, pour éviter cela, ajouter un peu d'eau pour étendre ces lies, du sel, et même presser afin de mettre de côté la matière la plus épaisse.

Pour ne pas nous répéter, nous dirons seulement que pour affranchir des huiles essentielles, de leur odeur et de leur détestable goût, les eaux-de-vie de lies de vin, il faut procéder comme nous l'avons indiqué, par l'eau de chaux, la poudre désinfectante, et le charbon. On recueille ainsi les huiles essentielles dont la valeur est assez élevée.

Ceux que ce travail concerne devront consulter les articles *Distillation* en Octobre et en Novembre, ainsi que les Manuels de *l'Amélioration des Liquides* et de la *Distillation de toutes les substances alcoolisables connues*, qui se vendent à la librairie Roret.

Altérations et maladies du vin. — Les altérations du vin sont encore peu dangereuses et peu fréquentes à cette époque ; cependant il faut les combattre immédiatement et avec vigueur comme à tout autre moment de l'année, aussi recommandons-nous de surveiller attentivement tous les fûts l'un après l'autre et sans en excepter un seul ; car il y a certaines altérations qui s'accroîtraient rapidement au moment où le soleil remonte à l'horizon et où la végétation reparaît, tels sont les vins aigres, les vins poussés ou absinthés, ou qui sont sur le point de l'être ; ce qu'un dégustateur même très-ordinaire a bien vite fait de reconnaître, pour peu qu'il veuille y apporter de l'attention.

Chaque pièce de vin devra donc être dégustée à fond et la couleur examinée au grand jour. On devra bien s'assurer si le vin est limpide ; car, tout vin louche est malade ou en train de le devenir.

Si le vin est aigre (sûr), noir, absinthé ou poussé, il faut vite se hâter de le traiter comme nous l'avons dit précédemment, car plus tard toute chance de rétablissement disparaîtrait, tandis qu'au début, ces maladies peuvent être facilement arrêtées. [Voir le *Manuel complet de l'Amélioration et de la Fabrication des Liquides* (1).]

C'est à cette époque que la dégradation de la couleur des vins commence à apparaître, pour se continuer jusqu'au mois d'octobre où elle se ralentit. Quand on s'aperçoit qu'un vin perd sa couleur, il faut

(1) Un vol. in-18, 3 francs, à la Librairie Roret.

y remédier de suite. Cette altération a généralement deux formes, ou le vin noircit ou il devient d'un jaune livide. Dans l'un comme dans l'autre cas, on obtient une prompte guérison en le soutirant dans un fût méché légèrement et en y ajoutant, pour 230 litres :

Alcool de vin, bon goût.	1 litre.
Teinte bordelaise.	1 litre.
Poudre anglaise.	25 gram.

On verse l'alcool dans le vin. D'autre part, on tire 2 litres de vin ; on y mêle la teinte, on fouette pour mélanger; on introduit dans le vin et on donne encore un coup de fouet. On termine en collant avec la poudre anglaise. Quand le vin est clair ; il doit être guéri. S'il en était autrement, il faudrait recourir à la poudre des vins noirs (1).

On se trouvera bien de faire brûler un peu d'alcool dans les fûts destinés à recevoir des vins soutirés pour cause de maladie en général, et en particulier, ceux qui perdent leur couleur. Cette opération les décolore moins que le soufrage, bien que celui-ci ne produise cet effet que momentanément; car le vin qui est décoloré par le soufrage revient à sa couleur primitive insensiblement et au fur et à mesure que le gaz acide sulfureux qu'il contient, se vaporise ou s'échappe.

Pour brûler de l'alcool dans un fût, on doit prendre des précautions pour éviter les accidents. Il faut toujours laisser la bonde ouverte, autrement les fonds sauteraient et pourraient blesser mortellement les

(1) Voir la Liste des produits œnologiques à la fin.

personnes qui seraient atteintes. Mais il faut surtout éviter de mécher un fût qui a contenu de l'alcool ou de l'eau-de-vie, surtout s'il y a peu de temps qu'il est vide; car il s'enflammerait en un instant, l'expansion du gaz acide sulfureux jointe à celle produite par la combustion de l'alcool pouvant occasionner de graves accidents.

Il vaut mieux brûler l'alcool en plusieurs fois qu'en une seule, pour éviter tout accident. Il est prudent de ne pas dépasser un demi-quart de litre à chaque opération.

AVRIL.

—

Vins. — Le mois d'avril voit se terminer les derniers soutirages; c'est encore le moment des collages et celui des expéditions. Nous ne reviendrons pas sur les deux premières opérations; quant à la troisième, nous en ferons le sujet d'un chapitre spécial. Pendant tout ce mois, il faut surveiller le vin, et s'assurer en l'*écoutant* s'il fermente; dans ce cas, donner un coup de foret pour faire échapper le gaz, et laisser le trou sans le boucher pendant plusieurs jours; puis, quand on s'est assuré que le calme s'est rétabli, on met un fausset.

Expédition et réception des vins. — Celui qui expédie des vins, doit :

1° N'expédier que des vins limpides; si la limpidité était douteuse, il serait indispensable de les coller avant le départ avec la *poudre anglaise* qui convient spécialement pour ce genre de collage (1).

(1) Voir à la fin la Liste des produits œnologiques.

2° N'employer que des fûts de bon goût et assez solidement reliés pour pouvoir faire, sans accident, le voyage le plus long.

3° Bonder exactement et recouvrir les bondes et les broches d'un cachet de cire, afin d'éviter les fuites et tout prétexte aux employés des chemins de fer, d'augmenter les avaries de route par des soustractions.

4° Si l'on expédie des vins fins, mettre un échantillon du vin expédié, dans le fût, et le suspendre par une ficelle fixée sous un cachet de cire, sous la bonde et en dehors, afin de permettre au destinataire de s'assurer qu'il n'y a point eu de fraude en route.

5° Si l'on expédie aux colonies, en Amérique ou dans les pays très-chauds, mettre le fût qui contient le vin dans un autre fût et le maintenir à une distance de 3 centimètres au moins de sa doublure; puis on remplit le vide avec du sel gris, ou sel marin.

Le sel marin a pour but de s'opposer au passage de la chaleur et de tenir le vin dans une température presque régulière. L'air étant très-chaud le jour et très-humide la nuit, le sel sert de compensateur et la température du vin ne dépasse guère 18 ou 20 degrés sous l'équateur.

Le destinataire doit, dès l'arrivée de son vin :

1° S'assurer s'il y a eu du coulage, et dans ce cas, ne signer le livre du camionneur du chemin de fer qu'en stipulant qu'il prend livraison sous toutes réserves.

2° Faire constater par des témoins patentés, ou par le commissaire de police, la nature de l'avarie.

3° Informer immédiatement son expéditeur de ce qui s'est passé.

4° Loger le vin le plus tôt possible, mais ne le remplir et ne le coller au besoin qu'après quatre jours de repos au moins, en évitant le collage à la gélatine, qui, à cette époque, pousse plus encore à l'aigre qu'à tout autre moment.

Vins en bouteilles. — Il faut, pendant ce mois, éviter les déplacements des vins en bouteilles; car ils ne se clarifieraient plus que difficilement et courraient le risque de contracter des altérations. A moins que d'y être obligé, il faut cesser de mettre en bouteilles, surtout si la température est chaude et humide et que la vigne commence à pousser ses premiers bourgeons, car cela annonce que l'époque de la fermentation est arrivée; et c'est un mauvais moment pour agiter le vin, le déplacer, soutirer ou tourmenter d'une manière quelconque.

Si l'on a du vin qui ait déposé dans les bouteilles et que l'on craigne pour sa conservation ou que le dépôt ne soit pas assez compact pour que le dépotage sur table se fasse sans en perdre une grande partie, on peut encore dépoter à la cave en ayant le soin de mettre de côté les parties troubles; on les colle et on remet en bouteilles aussitôt la clarification.

Nous devons faire remarquer ici en passant, que les vins vieux qui sont collés avec la *poudre anglaise* (1), ne se troublent plus et ne déposent jamais. Les vins d'un an même qui sont collés avec cette

(1) Voir la Liste des produits œnologiques à la fin.

poudre ne font qu'un léger dépôt, et il est tellement compact qu'en relevant la bouteille, il tombe au fond et ne se mêle pas au vin qui reste limpide jusqu'à la dernière goutte.

Il arrive parfois que le dépôt qui se forme dans la bouteille a l'apparence de poudre ou de sable fin, c'est ce que l'on nomme *dépôt-pierre*. Ce dépôt n'est rien autre chose que du tartre qui s'est cristallisé naturellement, et il n'y a pas lieu de s'inquiéter quand on le rencontre. Les vins qui sont mis trop nouveaux en bouteilles sont plus sujets que les autres à faire des dépôts de cette nature ; on les trouve dans les meilleurs vins, et ceux qui déposent ainsi se conservent mieux que ceux qui font des dépôts bourbeux, gras, gluants ou mucilagineux, qui flottent dans le vin et s'y mêlent très-facilement quand on agite les bouteilles. Ce sont surtout ces derniers vins qu'il faut éviter de déplacer par les chaleurs ; parce que le moindre inconvénient qui en résulterait serait de les voir louches longtemps, tandis que ceux qui ont un dépôt pierreux se clarifient rapidement, ce dépôt se précipitant de suite et son mélange à la liqueur ne la troublant pas.

Remplissage des tonneaux engerbés ou dont la bonde est de côté. — Il y a deux manières de remplir les fûts engerbés dont la bonde est inaccessible à l'entonnoir ou ceux qui ont été placés la bonde de côté, afin d'éviter l'évaporation et les accidents qui résultent de l'alternation d'humidité et de sécheresse du linge qui entoure la bonde. On pratique ce remplissage soit avec l'entonnoir à cannelle horizontale, soit avec une pompe ou sorte de seringue de la contenance de deux ou trois litres, dont le piston ou tampon est en caoutchouc et non en filasse pour éviter l'aigre. Dans l'un, comme dans l'autre cas, il faut faire un trou de fausset à un centimètre du jable supérieur, au fond, et une ouverture assez grande pour placer la cannelle de l'entonnoir ou le tube de la pompe, sorte de canule de la seringue.

Si on emploie l'entonnoir, il faut qu'il soit plus haut que la partie supérieure du tonneau, de manière que le liquide subissant les lois naturelles de la pesanteur s'introduise dans le fût jusqu'à complet remplissage, ce qui est annoncé quand le trou de fausset cesse de laisser échapper des bulles d'air et écouler du liquide. Alors on ferme cette ouverture et on tourne la clef de la cannelle pour faire écouler dans un broc, le reste du vin contenu dans l'entonnoir.

Si l'on se sert de la pompe ou seringue à vin, il faut la remplir de vin, placer le tube dans le fût et dans l'ouverture inférieure, ouvrir le trou du fausset et pousser le piston pour chasser le vin. Quand le fausset laisse échapper du vin c'est que le fût est plein. On répète l'opération une seconde fois, si la première est insuffisante ; il faut pousser doucement le piston, sans quoi l'air et le vin sortiraient ensemble par le trou du fausset.

Vinage et corrections des défauts naturels du vin. — Il y a des vins naturellement impotables, si ce n'est pour les récoltants qui y sont habitués, ou d'une conservation impossible. Nous ne pouvons ici parler des corrections à faire aux vins naturellement mauvais.

Nous renvoyons ceux que cette question intéresse au *Manuel de l'Amélioration des Liquides* (1). Nous voulons seulement parler ici du traitement des vins qui sont trop faibles en alcool et qui sont en danger de contracter des altérations pendant les chaleurs qui commencent assez ordinairement à cette époque. Si l'on a de tels vins, il faut s'empresser de les viner, autrement ils perdent couleur et qualité, et peuvent se gâter et devenir impropres à la consommation.

Il suffit d'ajouter de 1 à 2 litres d'alcool à 85° par fût de 228 litres, soit 1 pour 100, pour sauver ces vins. Quand on doit les conserver en cave pendant tout l'été, il suffit d'ajouter l'alcool et de donner un coup de fouet; mais si l'on doit expédier de tels vins, il est essentiel de leur faire subir un traitement autre, afin d'enlever le goût d'alcool qui se percevrait d'une manière très-sensible si on se bornait à l'introduire en nature dans le vin. Pour enlever le goût d'alcool aux vins vinés, il faut opérer comme il suit :

Prenez, pour 230 litres :

Alcool.	2 litres.
Eau.	1 litre.
Carbonate de soude.	10 gram.
Pomard (2).	1/2 flacon.

On fait dissoudre le carbonate de soude dans l'eau, on mêle l'eau à l'alcool, on laisse reposer 24 heures, puis on verse dans le fût et on donne un coup de fouet. Le lendemain, on ajoute le Pomard et on colle

(1) Un vol. in-18, 3 fr., à la Librairie Roret.

(2) Voir à la fin la Liste des produits œnologiques.

de suite ou au moment de l'expédition. De cette façon, on a un vin délicat et qui peut supporter facilement les voyages, il devient susceptible d'amélioration et d'une bonne conservation. Si le vin est peu coloré, on ajoute 2 litres de *teinte bordelaise* (1), ce qui augmente encore les chances de conservation.

Altérations et maladies du vin. — A cette époque, il y a souvent des vins louches qui résistent aux collages, des goûts de fumée et d'œufs gâtés. — Sans rechercher la cause de ces altérations, nous allons indiquer le moyen d'y remédier.

Les vins louches, soit qu'ils n'aient pas été collés, soit, ce qui arrive fréquemment, qu'ils l'aient été avec de la gélatine, il faut les coller avec la poudre graduée n° 3 (1).

Les goûts de fumée et d'œufs gâtés disparaissent sous l'effet d'un collage à la poudre n° 4 (1); mais avant tout, il faut soutirer ces vins dans un fût méché fortement. Si ce traitement ne suffit pas, on mèche sur vin.

Il y a des vins qui contractent l'*odeur du musc.* Pour les guérir, il suffit de les coller avec la poudre anglaise et de les soutirer dans un baquet sur la surface duquel un ouvrier envoie de l'air à l'aide d'un soufflet, pendant que l'autre s'occupe du soutirage. — Quelques vins contractent aussi, par le contact des instruments ou vases goudronnés dans lesquels on les place, l'odeur désagréable du goudron dont ils étaient imprégnés. On les guérit en les collant une

(1) Voir à la fin la Liste des produits œnologiques.

ou deux fois avec la poudre graduée n° 4, et en les fouettant vivement pendant 15 minutes, au second collage, si on en fait deux, avec 200 grammes d'huile d'olive fraîche ou de bonne qualité par hectolitre. On soutire au bout de deux jours, on reprend l'huile au soutirage lors de la levée du tonneau, et on la décante de dessus le vin sur lequel elle surnage.

Il y a des vins blancs qui jaunissent et prennent une apparence sale, louche et laiteuse. On les décolore avec la poudre décolorante qu'on emploie comme la colle ordinaire, puis on roule le tonneau pour mêler la lie, et on les clarifie avec la poudre-colle des vins blancs. Ils se rétablissent dans leur état normal en quelques jours.

Il y a souvent des vins blancs qui, étant collés par précaution avant la mise en bouteilles avec de la gélatine, deviennent troubles, laiteux et contractent un goût désagréable. Cela tient à ce que la gélatine ne clarifie pas les vins blancs, malgré tout ce qu'en disent certaines gens mieux intentionnés qu'instruits. Ces vins blancs se rétablissent immédiatement en les collant avec la poudre n° 3, ou en les traitant avec la préparation des vins gras.

Mécher sur vin. — Pour pratiquer cette opération, il suffit de tirer 5 ou 6 litres de vin et de faire brûler 3 centimètres de mèche soufrée dans le vide, et on bonde hermétiquement, puis on remplit quelques jours après.

MAI.

—

Vins. — Le mois de mai est une des époques critiques du vin, car c'est le moment où la vigne commence à pousser ses premiers bourgeons, et le départ de la sève détermine toujours un mouvement dans les vins, surtout dans ceux qui sont logés dans des caves dont la température est chaude et humide.

Il faut surtout, à cette époque, éloigner toutes les matières susceptibles de fermentation ou de putréfaction. Il ne doit absolument rien se trouver dans une cave où est enserré le vin, si ce n'est du vin. Cependant, les alcools, les liqueurs, peuvent s'y rencontrer sans inconvénient.

Dans ces conditions, le vin traverse facilement cette saison critique. Si cependant, malgré toutes ces précautions, il arrivait qu'un vin fût atteint d'une fermentation secondaire, ce qu'on reconnaît à l'odeur qu'il répand, au sifflement qu'il produit quand on le tire, au pétillement qu'il fait dans le vase où on le reçoit, à une mousse légère ou à des bulles d'air qu'on remarque à la surface du liquide, il faut se hâter de lui donner de l'air en pratiquant, à côté de la bonde, un trou de fausset qu'on laisse ouvert pour donner issue au gaz. Deux ou trois fois par jour, on retire le fausset, et si l'on s'apercevait que le liquide s'épanche au dehors, il faudrait en retirer quelques litres et laisser le trou débouché; autrement, on pourrait craindre que l'expansion du gaz produisît la disjonction des douves et occasionnât la perte du liquide. — Il faut donc exercer une surveillance de tous les jours, presque de toutes les heures, sur les vins pendant toute cette époque.

La fermentation secondaire a toujours lieu au détriment du vin, à moins qu'il ne contienne encore du sucre non décomposé, ce qui est fort rare à cette époque. Tout vin *fait*, c'est-à-dire qui ne contient plus de sucre propre à être converti en alcool, n'a qu'à perdre à subir cette seconde fermentation, car elle tend à le convertir en vinaigre ou à lui communiquer le goût de pourri.

Il faut donc se hâter d'arrêter cette fermentation en soufrant le vin, ou en soutirant dans des fûts méchés d'autant plus fortement que la fermentation est plus vive, et par conséquent le liquide en plus grand danger. Si le vin contracte ainsi un goût désagréable, on devra avoir recours au moyen que nous avons indiqué déjà : soutirer et coller avec la poudre anglaise (1).

Si la cavée tout entière donne des signes non équivoques de fermentation, il faut recourir à un traitement général en brûlant du soufre sur un réchaud rempli de charbon enflammé, et si ce moyen est insuffisant, soutirer et soufrer.

Si quelques pièces seulement sont malades ou exemptes, il faut les retirer et les mettre à part.

Vins en bouteilles. — Les vins en bouteilles peuvent eux-mêmes subir la fermentation secondaire, surtout quand ils se trouvent dans le voisinage de matières en fermentation. Cela arrive non-seulement aux vins de deux et trois ans, mais même à des vins très-vieux et qui n'avaient jamais subi d'altération.

Quand cet accident arrive, il faut les traiter comme nous venons de le dire plus haut, après les avoir dépotés et remis dans des fûts préalablement soufrés.

Il arrive fréquemment aussi à cette époque qu'un vin en bouteilles forme un dépôt considérable, bien qu'il ait été limpide jusque-là. Si l'on peut dépoter ce vin sur la table, il faut le faire plutôt que de recourir à tout autre traitement; mais si le dépôt est peu compact, c'est-à-dire mucilagineux, qu'il n'adhère pas à la bouteille et qu'il se mêle au vin de manière à en troubler une partie, et qu'on soit obligé de le livrer à la consommation, il ne faut pas hésiter à le

(1) Voir la Liste des produits œnologiques à la fin.

transvaser dans un fût et à le coller avec la poudre anglaise; mais il faut loger ce vin dans une cave très-fraîche.

Aussitôt que la clarification a lieu, il faut remettre en bouteilles.

Quant au dépôt qui reste au fond du fût, si ce vin a de la qualité, il faut remplir le fût avec de bon vin qui prendra le bouquet et la sève de celui dont provient le dépôt. On vieillit et améliore ainsi singulièrement des vins très-ordinaires. Nous engageons les amateurs à consulter le *Manuel de l'Amélioration des Liquides* (1), pages 28, 29 et 30. On verra tout l'avantage qu'on peut retirer de cette méthode.

Malgré la saison, si l'on a des vins en bouteilles à transporter et qu'ils aient déposé, il faut de toute nécessité les dépoter dans des fûts; puis, arrivés à destination, on les laisse se reposer pendant cinq ou six jours; on les colle et on les remet en bouteilles. Sans cette précaution, ces vins pourraient rester longtemps sans se clarifier ou sans atteindre à un degré convenable de limpidité.

Le collage doit, dans ce cas, être très-léger (10 gr. de poudre anglaise suffisent pour 100 bouteilles ou même 100 litres).

On doit, en général, cesser la mise en bouteilles à partir du mois d'avril, pour les raisons que nous avons fait valoir précédemment. Cependant, si l'on s'apercevait que du vin *passe* ou *vieillarde,* il fau-

(1) Un vol. in-18, 3 fr., à la Librairie Roret.

drait se hâter de le coller, s'il ne l'a pas été depuis le soutirage de mars, et le mettre en bouteilles aussitôt clarification, ce qui n'exige que huit jours avec la poudre anglaise dont nous avons parlé plus haut.

Si ce vin est déjà trop avancé, qu'il sente le *vieux*, ce qu'on désigne vulgairement sous le nom de *passé*, il faut le traiter comme nous l'indiquons à l'article *Altération du vin*, ou le couper avec du vin plus fort et plus jeune, si ce n'est qu'un vin très-ordinaire.

Les vins les plus sujets à passer sont ceux qui sont pauvres en alcool et dont le remplissage n'a pas été régulièrement fait. Parmi les vins fins, nous citerons ceux de Riceys comme les plus sujets à ce genre d'altération. Ces vins demandent à être mis en bouteilles dès la seconde année, si l'on veut les avoir corsés et à l'abri de cette maladie. Nous voulons, bien entendu, parler des vins de pineau, et non de gamay, qu'on n'essaie pas de conserver au-delà de deux ans et qu'on met rarement en bouteilles, puisqu'ils ne s'améliorent pas ou peu.

C'est le cas de répéter ici que les vins en bouteilles doivent être enserrés dans des caves fraîches et aérées, tandis que les vins de liqueurs peuvent impunément et même avec avantage, être exposés à une température élevée, qui est même indispensable pour eux. Les vins d'Espagne n'acquièrent toutes leurs qualités qu'à ces conditions.

Sophistication du vin. — Nous donnons place à un

article de ce genre ici, afin de mettre en garde contre eux-mêmes et contre les autres, les personnes qui pourraient se trouver à avoir de ces vins. La sophistication la plus dangereuse du vin est celle qui consiste à y mettre de la litharge, soit dans le but de l'adoucir quand il est trop dur, soit de masquer l'aigre. Cette falsification honteuse et coupable se reconnaît par divers moyens que la chimie possède, mais qui ne sont pas à la portée de tout le monde. Nous allons en indiquer un ou deux qui sont faciles et qui suffiront à déceler la présence de ce poison dans le vin.

Si l'on verse de l'acide sulfurique dans du vin qui contient de la litharge, il produit un précipité blanc qui se dépose au fond du vase en très-peu de temps; tandis que si le vin ne contient pas de litharge, l'acide fait virer le vin au rouge vif, sans former de précipité.

Si l'on emploie de l'eau chargée d'hydrogène sulfuré au lieu d'acide sulfurique, le moyen est encore plus rapide et plus énergique, et les effets plus caractérisés : elle rend le vin frelaté par la litharge noir et floconneux, et elle forme un précipité abondant qui gagne le fond du vase. Employée sur du vin naturel, cette eau n'a pas la moindre action.

Pour préparer cette eau, il suffit de mettre dans un flacon une pâte faite avec de la limaille de fer et du soufre ; on y verse quelques gouttes d'acide sulfurique et on fait dégager le gaz qui se produit dans un flacon rempli d'eau, au moyen d'un tube de verre recourbé qui passe au travers d'un bouchon en liège qui ferme le flacon contenant la pâte, et aboutit au fond de celui qui contient de l'eau. Le gaz s'échappe par l'ouverture du tube immergé et se mêle à l'eau, qui s'en empare et le retient. On obtient ainsi en très-peu de temps un réactif très-puissant et infaillible.

Cidres. — De même que le vin, le cidre est sujet à subir une fermentation secondaire qui le fait *durcir*, terme vulgaire. Souvent, à la suite de cette fermentation il devient tellement *sûr* qu'il est plus près du vinaigre que du cidre.

Pour éviter un tel accident, qui n'est que trop général, il faut employer tous les moyens que nous avons prescrits plus haut pour le vin.

Si les cultivateurs de pommiers voulaient renoncer à la mauvaise habitude qu'ils ont de mettre une aussi grande quantité d'eau dans le cidre, ils seraient plus certains de le conserver doux ou potable, et ils trouveraient un placement plus facile et à des prix plus élevés, d'une boisson qui deviendrait salubre et recherchée, et qui entrerait dans la consommation concurremment avec le vin.

Nous n'insisterons pas d'avantage sur ce point; nous ne ferions que répéter ce que nous avons déjà dit précédemment (1).

Qu'on ne perde pas de vue, cependant, que le fabricant de cidre, quand il voudra, aura une bonne

(1) *Manuel du Fabricant de Cidre*. 1 vol. in-18, 2 fr. 50 c., à la Librairie Roret.

boisson d'un prix double, d'une garde facile et dont le transport cessera d'être un danger. — D'une année à l'autre, on aura alors, presque sans soin, un liquide clair et qui conservera toutes ses qualités premières.

Altérations et maladies du vin. — Si l'on a du vin *passé*, que ce soit un vin que l'on tienne à conserver pur et sans mélange d'autre vin, et que les moyens que nous avons indiqués plus haut soient insuffisants pour le ramener dans un état convenable, il faut recourir au traitement suivant :

Pour 230 litres, prenez :

Poudre graduée n° 4 (1).	100 gram.
Bouquet de Pomard (1).	1 flacon.
Poudre anglaise (2).	25 gram.
Eau-de-vie de Cognac.	1 litre.

Délayez la poudre n° 4 dans un peu d'eau, fouettez le vin, versez le mélange et agitez de nouveau, pendant quelques instants. — Le lendemain, ou seulement 6 heures après, si vous êtes pressé, faites remonter la poudre qui s'est précipitée, par un nouveau coup de fouet. 6 heures plus tard, ajoutez le Pomard, après l'avoir versé dans l'eau-de-vie, et fouettez de nouveau ; cela fait, collez avec la poudre anglaise. — Votre vin sera rétabli aussitôt clarifié.

Si malgré tout ce que nous avons conseillé plus

(1) Voir la Liste des produits œnologiques à la fin.

(2) Voir la note précédente. — Cette poudre vaut 10 fr. le kilog., pour clarifier 70 hectolitres.

haut, le vin continue à fermenter et qu'il menace de tourner à l'aigre, il faudra le soumettre au traitement que voici :

Soufrez fortement un tonneau. — Introduisez-y un litre de bon alcool de vin, ou mieux deux litres de cognac. Cela fait, soutirez-y votre vin, puis collez-le avec la poudre anglaise en ajoutant 100 grammes de sel marin, fouettez et laissez reposer. Si, par extraordinaire, le mouvement semblait encore se continuer, méchez sur vin, comme nous l'avons indiqué précédemment.

Dans le Midi, les vins sont quelquefois atteints d'une maladie particulière au climat et à la nature du cépage. La fermentation s'arrête quand elle est parvenue à un certain point, et ils restent doux et louches. Cet état se poursuit souvent jusqu'au mois de juin ou de juillet, puis ces vins tournent à l'aigre.

Nous avons été souvent consulté pour des altérations de cette nature, et après quelques essais infructueux, nous nous sommes arrêté à traiter ces vins de la manière suivante :

Pour 100 litres de vin, prenez :

Ferment sec. . . . . 500 gram.
Feuilles vertes de vigne. . . . . 500 gram.

Ecrasez les feuilles de vigne dans un mortier, en les mouillant avec un peu de vin malade ; délayez le ferment sec dans 2 litres du même vin ; introduisez le tout dans le fût et agitez pour opérer le mélange ; mettez la bonde sur le fût sans la serrer, ou placez-la simplement sur une feuille de vigne, et laissez agir.

La fermentation se déclare bien vite, et le vin est guéri.

On pourrait aussi, si l'on avait à sa disposition des lies de vin blanc, en mettre de 4 à 5 litres par hectolitre ; mais il faudrait, dans ce cas, avoir des vins blancs durs, du centre de la France ou du Rhin, qui contiennent du ferment; autrement, cette addition serait insuffisante et pourrait même occasionner la perte du vin, en y introduisant une plus grande quantité de mucilage.

JUIN

—

Vins en fûts. — La cave doit être fréquemment surveillée à cette époque, car c'est le moment où certains vins contractent *l'aigre*. Nous ne reviendrons pas sur ce que nous avons dit de l'acescence; nous renvoyons au *Manuel de l'Amélioration des Liquides* (1) pour plus amples renseignements.

La surveillance a encore une autre raison, c'est que certaines caves sont trop sèches, les cercles se dessèchent et il se déclare des fuites dans les tonneaux.

Là se bornent les soins à donner aux vins, car il faut, pendant ce mois, éviter d'y toucher, et même de remplir sans absolue nécessité.—Si l'on remplit, il

(1) Un vol. in-18, 3 fr., à la Librairie Roret.

faut le faire avec soin pour éviter de troubler le liquide, avec un entonnoir muni d'une pomme à la douille, faire sortir les fleurs s'il y en a, nettoyer les bondes, changer le linge et remplir avec du vin vieux autant que possible, pour ne pas susciter de fermentation.

Transport des vins. — Tout le monde sait ce qu'il est essentiel de faire pour expédier les vins, mais on omet souvent des soins indispensables à prendre lors de l'arrivée. Si la température n'est pas élevée, on peut agir comme l'on voudra; mais si la chaleur est grande, si le vin est chaud, s'il a fait une longue route, il faut se garder de le descendre immédiatement à la cave, surtout si elle est fraîche et que le thermomètre y marque moins de 9 à 10 degrés. Il faut le loger à l'ombre et l'y laisser au moins 24 heures, avant de l'encaver. Aussitôt descendu, on donne un coup de poing à côté de la bonde et on laisse de l'air pendant 24 heures, puis on met le fausset. Si le vin a besoin d'être collé, on le laisse reposer pendant huit jours au moins, et on le fouette avec 12 à 14 grammes *de poudre anglaise* par hectolitre.

Caves. — C'est surtout en été qu'on s'aperçoit des inconvénients d'une mauvaise cave; les caves trop sèches ont surtout de graves inconvénients; car, si les cercles durent longtemps, le vin éprouve une plus forte déperdition. Dans une bonne cave, une pièce de 230 litres n'absorbe au remplissage qu'un ou deux verres par mois; tandis que dans une cave sèche, il faut souvent plus d'un litre et demi. — On doit donc s'attacher à diminuer la sécheresse d'une telle cave, en en bouchant les soupiraux et même en amassant contre le mur exposé au soleil, de la terre et du gazon sur une certaine hauteur, et d'un demi-mètre d'épaisseur au moins.

Si, dans le voisinage de la cave, il existe des dépôts d'immondices, des lieux d'aisances, etc., etc., il faut prendre les plus grandes précautions pour empêcher que la fermentation qui s'y produit puisse se faire sentir dans la cave, car elle est pernicieuse, et les vins ne résistent guère à cette cause destructive, même ceux en bouteilles.

Si c'est le sol lui-même qui apporte des odeurs méphitiques, il faut le fouiller, enlever la terre et mettre une couche de sable sec de 40 à 50 centimètres d'épaisseur, ou mieux, y faire couler un béton. Si ce sont les murs, il faut les cimenter.

Sophistication des vins. — C'est surtout pendant les grandes chaleurs que les vins subissent les plus profondes altérations, et c'est alors que la sophistication est le plus souvent employée, afin de les écouler. En effet, le moindre défaut de soin produit des vins aigres ou tournés, échaudés, etc., d'où il résulte une aigreur ou dureté caractéristique, une perte de couleur, etc., etc.

Pour remédier à ces inconvénients, il existe des personnes assez ignorantes ou assez cupides pour recourir à l'emploi de diverses substances malfaisantes pour se débarrasser des vins ainsi avariés. Ces substances ne sont rien autre chose que la *potasse*, les *litharges*, le *miel*, le *sucre*, etc., pour adoucir ces vins, qu'on coupe ensuite avec des vins noirs pour ramener la couleur.

L'emploi de ces substances est d'autant plus blâmable qu'il existe des moyens inoffensifs de corriger ces défauts. Nous avons donné, dans le mois précédent, le moyen de reconnaître la sophistication par la litharge.

Les vins adoucis avec du sucre, du sirop et du miel, ne restent pas longtemps doux; ils subissent de nouveau, et très-promptement, une fermentation secondaire qui les rend plus durs encore qu'auparavant. Cette fraude se reconnaît facilement à l'aide du saccharomètre, et tout vin ainsi frelaté peut donner lieu à condamnation contre son auteur. On fera donc bien de s'assurer par les moyens que nous venons d'indiquer, si un vin a été frelaté. Le coupage avec des vins noirs se reconnaît également, soit par la dégustation, soit par la couleur. La simple comparaison du vin suspect, avec du vin de même nature, en bonne santé, suffit pour donner une idée exacte de sa pureté. Une analyse chimique, par un homme de l'art, fait le reste.

Très-souvent aussi on ajoute de l'eau et de l'alcool aux vins malades. Cette fraude se reconnaît également par la simple analyse. — Nous regrettons de ne pouvoir donner ici le moyen de la faire soi-même; mais on trouvera facilement à la faire faire par un tiers.

Nous le répétons, la fraude est d'autant plus coupable, que toutes les maladies du vin peuvent se traiter sans compromettre la santé du consommateur, et d'une manière complètement efficace.

Qu'on ne perde pas de vue que la sophistication a deux buts : le premier de masquer l'avarie du vin, le second d'en augmenter la quantité. — Traiter un vin malade et le guérir d'après les données indiquées par la science, n'est plus de la fraude. Voilà des distinctions qu'il faut faire. En effet, la sophistication ne guérit pas, elle *masque* l'avarie avec des substances capables de nuire, tandis que la science guérit et fait disparaître la cause et les effets de la maladie, sans nuire à la qualité ou à la salubrité du liquide.

Vins en bouteilles. — Pendant le mois de juin, de même que pendant les chaleurs, on doit éviter de mettre le vin en bouteilles et de déranger ou déplacer celui qui y est, si l'on veut écarter toute cause de dégénérescence.

Il arrive fréquemment, à cette époque, que les vins qui ont été mis en bouteilles trop jeunes fermentent, moussent et font sauter le bouchon. Quand cet inconvénient a lieu, il faut se hâter de dépoter le vin, le transvaser dans un fût soufré et le coller à la poudre anglaise, si c'est du vin rouge, et à la *poudre-colle des vins blancs* (1), si c'est du vin blanc. On le laisse dans cet état jusqu'aux mois froids et on le remet en bouteilles.

Soufrage des vins. — Si le soufrage est utile, c'est

(1) Voir la Liste des produits œnologiques à la fin.

surtout par les grandes chaleurs et pour les vins faibles. Si l'on est obligé d'expédier des vins, il faut avoir le soin de les soufrer au départ, afin d'éviter les accidents qui leur surviennent si facilement quand ils voyagent par une température élevée. On doit employer de bonnes mèches; celles en carton ne valent absolument rien et doivent être rejetées, parce que la combustion en est lente et parfois incomplète, le gaz sulfureux altéré, et qu'elles communiquent souvent un mauvais goût au vin. Les bonnes mèches ne coûtent pas beaucoup plus que les mauvaises, et c'est une économie bien mal placée que de rechercher ces dernières à raison de leur bas prix (1).

Altérations et maladies du vin. — Les altérations les plus fréquentes en cette saison sont l'*aigre* et l'*amertume*. Nous avons donné précédemment le moyen de les traiter et de les guérir ; mais n'ayant pas encore parlé de celle connue sous le nom de *vins astringents*, nous allons indiquer le mode de traitement de ces vins, car ce n'est guère qu'à cette époque que l'on s'aperçoit qu'ils ont ce défaut; cependant, à moins de pressant besoin, mieux vaut attendre l'automne pour les traiter.

L'astringence des vins est le résultat d'une cuvaison trop prolongée, surtout quand le raisin n'est pas assez mûr. Comme on le voit, c'est plutôt un vice de fabrication ou un défaut naturel qu'une maladie. L'astringence est donc due à ce que la râfle a cédé une trop grande quantité d'extrait ou de tannin.

(1) Voir la Liste des produits œnologiques à la fin.

Quand on peut conserver le vin plusieurs années, cela n'est pas un inconvénient, car le tannin est l'un des principes conservateurs; mais quand on doit le livrer à la consommation, c'est un grave défaut. C'est donc au détenteur d'un tel vin à le mettre en rapport avec ses besoins. Un collage fait avec la gélatine épurée en mars et en avril, amoindrit ce défaut; mais si l'on a négligé de le faire, il faut attendre les froids pour employer la gélatine, car son emploi présente toujours de graves dangers pendant les chaleurs. Si l'on est obligé d'adoucir ces vins, il faut recourir à un collage énergique à la *poudre anglaise* (20 grammes par hectolitre).

Que l'on tienne compte de ceci : une longue cuvaison durcit le vin; donc, les vins qui sont généralement tendres et de peu de garde devront cuver plus longtemps; ils y gagneront de l'astringence et de la durée.

Maladies du cidre. — C'est à cette époque que les cidres commencent à *durcir* (à devenir aigres), à *pourrir* et à *brunir*. C'est surtout quand ils sont en vidange que ces accidents se produisent. On arrête cette dégénérescence en soutirant ce liquide dans des fûts méchés fortement, et en ajoutant un peu d'alcool et de sucre.

Pour conserver le cidre, on peut, quand la consommation n'est pas forte, le soutirer dans des petits barils de 30 à 35 litres, afin d'éviter la vidange; de cette manière, le fût se trouve vide en fort peu de temps, et l'influence de l'air n'a qu'une faible action sur le liquide. A chaque fois que les barils sont vides, on les remplit en vidant entièrement un grand fût.

Une addition de poiré, ou de jus de poires concentré sur le feu, produit un excellent effet pour la bonne conservation du cidre (1).

(1) Voir le *Manuel du Fabricant de Cidre et de Poiré*. 1 vol. in-18, 2 fr. 50 c., à la Librairie Roret.

JUILLET.

—

Vins en fûts. — Dans ce mois, comme dans le précédent, il faut laisser le vin en repos, parce qu'il est toujours dangereux de le tourmenter pendant les chaleurs, et surtout au moment où la végétation de la vigne est active et où la floraison s'accomplit. Nous l'avons déjà dit, le vin travaille surtout à trois époques de l'année : à la pousse de la vigne, à la floraison et à la *véraison* (moment où le raisin commence à noircir).

Ce travail est dû à la présence des molécules organiques; ce sont elles qui transforment le sucre en alcool (le moût en vin) et celui-ci en vinaigre.

Tous les œnologues, tous les savants qui se sont occupés de vin sont d'accord sur ce point. Astier, Buffon, Fabroni et autres, ont considéré que les molécules organiques agissaient sur le vin depuis le pre-

mier jour de son existence jusqu'au dernier, et qu'elles agissaient avec d'autant plus d'empire qu'elles avaient été moins éliminées du liquide par une forte quantité d'alcool, des soutirages et des collages. Astier dit : « Comme ces éléments d'organisation, ori-
» ginaires du raisin, ne peuvent rester oisifs pendant
» que la vigne est en travail, et ne pouvant, dans la
» cuve ou dans le tonneau, produire, comme elle,
» des feuilles, des fleurs ou des graines, ils produi-
» sent, pour faire quelque chose d'animé, des mou-
» cherons de la vendange, des moisissures du vin,
» ou des anguilles microscopiques du vinaigre. Ces
» phénomènes prouvent que, pour ne plus être ap-
» parente dans le tout, la vie n'en subsiste pas moins
» encore dans toutes les parties, même détachées les
» unes des autres, et qu'elle conserve, malgré la
» mort, une certaine relation avec la vie générale de
» l'espèce à qui appartenait l'individu. »

Nous ajouterons que la cause de ces phénomènes, qui était encore peu connue il y a quelques années, et qui est incomplètement définie par Astier, appartient tout entière au ferment qui existe dans le moût fermenté, comme dans une grande partie des liquides qui subissent la fermentation. Turpin et Quévenne ont été les premiers qui aient découvert que le ferment se compose d'êtres animés ayant quelque analogie avec certaines mousses ou lichens. En effet, si l'on dessèche ces plantes, qui ne sont que des êtres vivants d'une espèce particulière, elles resteront à l'état de somnolence; mais qu'on les place dans des conditions de végétation, c'est-à-dire d'humidité et de chaleur, après un an, deux ans, dix ans de sommeil, elles reviendront immédiatement à la vie.

Nous ne développerons pas davantage cette théorie, les limites de cet article s'y opposent ; mais on comprendra combien il est utile d'opérer la séparation complète de ces molécules végéto-animales, dont l'action destructive se perpétue et se fait sentir à chaque instant dans le vin. Elles dorment par le froid et se réveillent par la chaleur, le mouvement et le contact de l'air.

On a reconnu, et cela est facile à concevoir, que l'alcool empêche l'action du ferment (le ferment, immergé pendant 10 minutes dans de l'alcool anhydre, perd toutes ses propriétés, parce que l'animalcule est tué) ; le gaz acide sulfureux et le froid de la glace, la chaleur prolongée à 80 degrés, les acides concentrés, comme l'acide sulfurique, le frappent également de mort. Voilà pourquoi nous recommandons les soutirages, le collage et le soufrage.

Vins en bouteilles. — On ne met pas les vins en bouteilles pendant le mois de juillet, à moins d'absolue nécessité. Quant à ceux qui y sont, il faut éviter de les laisser exposés à une température élevée. Si la cave est chaude, il faut en fermer les soupiraux, employer les moyens que nous avons indiqués pour le mois de juin, et si cela est insuffisant pour empêcher que la température de la cave s'élève au-dessus de 15 à 16 degrés R., on doit couvrir de sable les piles de bouteilles.

Pour les vins d'Espagne et les vins de liqueurs, nous répétons ici que toute précaution est inutile, et qu'il est même préférable de les laisser à une température élevée, soit de 18 à 25 degrés R. Ils se font plus vite, se dépouillent mieux et sont meilleurs.

Caractères des vins. — Les vins les plus connus ont des caractères particuliers qu'il ne faut pas perdre de vue. On les classe ainsi : le Bourgogne inspire l'hilarité, il est généreux et aphrodisiaque ; le Bordeaux fin est stomachique, astringent quand il est pris pur, et rafraîchissant quand il est mouillé de moitié d'eau ; le Champagne est délicat, capiteux quand il n'est pas travaillé, saucé et alcoolisé ; le Ricey est capiteux et léger ; le vin du Rhin est léger, humectant, rafraîchissant et désaltérant ; le Roussillon, le vin du Dauphiné et du Languedoc, de même que tous les vins du Midi, sont échauffants et restaurants.

Le Bourgogne convient aux vieillards, aux gens épuisés, aux tempéraments froids, aux valétudinaires, aux personnes qui ont des humeurs noires ; le Bordeaux aux estomacs fatigués, aux lymphatiques, aux femmes grasses qui manquent de sang ; le Champagne aux goutteux, à ceux qui ont des rhumatismes, des douleurs ; le Ricey convient aux hommes de cabinet et d'étude ; le vin du Rhin aux personnes qui s'adonnent aux exercices des jambes, à la fatigue de la chasse, etc., accidentellement ; ils remettent des longues veilles, des dîners et des fatigues corporelles et de l'esprit ; les Languedoc, Dauphiné et Roussillon, et la plus grande partie des vins du Midi, conviennent pour réparer les fatigues continuelles, donner du ton aux estomacs paresseux ou délabrés, aux vieillards catharreux, faibles, souffreteux et asthmatiques.

Plâtrage et conservation des vins. — Le plâtrage pour la conservation des vins est généralement adopté; mais il est pratiqué de deux manières différentes : les uns plâtrent dans la cuve, les autres plâtrent le vin tout fait. Quelques personnes considèrent cette dernière pratique comme une fraude. Cependant, nous devons dire que l'expérience a démontré qu'elle préservait souvent les vins des altérations qui surviennent pendant les chaleurs des mois de juillet et août, lors de transports, et qu'elle ne pourrait avoir une influence malfaisante sur la santé des consommateurs. Le seul reproche qu'on pourrait faire à cette pratique, c'est de rendre le vin plus rude et moins agréable (1).

« L'état actuel de la science, disait M. Versepuy, pharmacien, ne permet pas d'expliquer les causes qui font que le plâtre empêche le vin de passer d'un état à un autre état que celui auquel il est arrivé par la fermentation vineuse. C'est un fait qu'il faut accepter tel que nous le présente l'expérience. »

Les Romains employaient le plâtre à cet usage, ce qu'ils appelaient *conditura vinorum*. Les Grecs faisaient usage d'argile et de chaux. Le fameux vin de Céphalonie, appelé vin du Soleil, recevait et reçoit encore une poignée de plâtre par pièce de vin. Les habitants de Théra font séjourner dans la mer le merrain qui sert à faire leurs tonneaux. Les vins de l'Archipel, munis de ces moyens conservateurs, sont presque tous enlevés par la Russie qui les voiture jusqu'à Saint-

(1) Voir le *Manuel de l'Amélioration des Liquides*, 1 vol., 3 fr., à la Librairie Roret.

Pétersbourg, sur un trajet de plus de trois cents lieues par terre, avec la plus grande sécurité de conservation.

Le midi de la France, l'Espagne, l'Italie, conservent la tradition d'ajouter de la chaux, de la cendre dans la vendange. Il est fort étonnant que Chaptal ait dit que cet usage avait pour but d'absorber l'excès de la partie aqueuse du moût. Parmentier et Proust l'ont expliqué comme moyen de neutraliser l'acide. Il est facile aujourd'hui de reconnaître l'erreur dans laquelle sont tombés ces savants, justement célèbres, lorsqu'on aperçoit quel minime résultat on obtiendrait en adoptant leur théorie. Les peuples qui ont conservé cette pratique depuis si longtemps ne se sont point occupés de ces minuties, il a fallu une raison plus grave que celles données par ces savants pour les engager à la perpétuer; elle était si souveraine, si palpable, que l'usage d'ajouter un corps salin à la vendange s'est maintenu sans qu'ils s'occupassent d'en rechercher la cause. Ceux qui auraient des craintes sur l'avenir de leurs vins expédiés en cette saison, pourront donc y ajouter 100 grammes de plâtre par 2 hectolitres avant le départ.

Il est vrai d'ajouter que quelques tribunaux n'ont pas admis cette pratique qui a donné lieu à plusieurs condamnations; mais cela tient à ce qu'ils ont été mal renseignés, et il est probable qu'aujourd'hui, mieux éclairés sur les causes qui les motivent, elle serait reconnue bonne et loyale.

Altérations et maladies du vin. — Les altérations du vin sont fréquentes à cette époque. Celles qui ont pour cause le déplacement et le transport sont surtout celles qui donnent de l'inquiétude à l'expéditeur et au consommateur. Les vins *tournés*, comme l'on dit vulgairement, sont ce qu'on redoute le plus.

Il y a tous les ans des quantités considérables de vins qui *tournent* pendant les mois de juillet et d'août, bien qu'à toutes les époques de l'année, cette altération cause de grandes pertes. Nous donnerons au mois prochain, à l'article *Altérations et maladies du vin*, la fin des explications théoriques sur cette maladie dont nous avons déjà parlé au mois précédent. Ici, nous allons indiquer les moyens de la prévenir, de la combattre et de la guérir.

Comme on le verra, les vins les plus sujets à *tourner* sont ceux qui contiennent encore du sucre, qui sont peu riches en alcool et qui, de plus, renferment encore du ferment non décomposé. Pour quiconque possède quelques connaissances physiologiques, on s'explique la rapidité, *l'infaillibilité* en quelque sorte, de la décomposition qui doit s'opérer dans un tel liquide. Nous n'entrerons pas dans de plus grands détails ici. Nous renvoyons, comme nous venons de le dire, au mois d'août pour plus amples renseignements, ainsi qu'à la page 93.

Pour prévenir cette altération, il faut :

1° Soutirer les vins qui menacent de *tourner*, dans des fûts fortement soufrés et même lavés à l'acide sulfurique (Voir *Nettoyage des tonneaux*) ;

2° Les viner, avec 2 pour 100 d'alcool ;

3° Les coller avec la poudre anglaise ;

4° Les parfumer avec le bouquet de Pomard (1)

(1) Voir la Liste des produits œnologiques à la fin de cet ouvrage.

dont les qualités anti-putrides et anti-fermentescibles sont reconnues.

Mais si la maladie a déjà fait des progrès, si le vin s'est décoloré, si la décomposition a saisi déjà l'alcool, et que l'on remarque que le vin soit aigre, louche; si, en l'examinant à l'aide d'un appareil grossissant, on aperçoit des infusoires, il faut recourir à un traitement beaucoup plus énergique. Il faut, pour 100 litres de vin :

1° Soutirer dans un fût méché fortement et lotionné à l'acide sulfurique;

2° Viner à raison de 4 pour 100 (4 litres à 85°) d'alcool;

3° Introduire la préparation dite des vins aigres;

4° Ajouter un bouquet de Pomard;

5° Coller à la *poudre anglaise*, à la dose de 25 grammes par hectolitre;

6° Soutirer, après quinze jours, dans un fût également méché fortement et mécher sur vin;

7° Tenir constamment ce vin dans une cave fraîche (dont la température se maintienne entre 6 et 7 degrés Réaumur au plus, si c'est possible).

Si l'on s'aperçoit, après quelque temps, que les mycodermes (*fleurs*) reparaissent à la surface du liquide, et que celui-ci soit de nouveau envahi par les vibrions ou infusoires, il faudra recommencer le soutirage, le mûtage, en un mot, poursuivre le même traitement.

AOUT.

Vins en fûts. — Pendant les chaleurs de ce mois, les vins en fûts sont sujets à subir diverses altérations ; nous engageons nos lecteurs à consulter ce que nous avons dit en juin et juillet. Il y a les mêmes précautions à prendre, la même surveillance à exercer pendant tout le mois. La maladie la plus fréquente à cette époque, comme dans les deux mois précédents, est l'aigre, désigné sous le nom de *vin tourné*. A l'article *Altération du vin*, nous rapportons un fait que l'on devra consulter.

Il ne faut pas négliger de visiter tous les jours les vins, pour s'assurer de leur état, et si quelques pièces se troublent ou pétillent, il faut les soutirer dans des fûts méchés ou soufrés, et même les mécher sur vin, afin d'arrêter la fermentation.

Si le vin est déjà en fermentation, on se trouvera

bien de le soutirer dans un fût déjà fortement soufré, et quand il est au tiers plein, on le bonde et on l'agite pour lui faire prendre la vapeur sulfureuse. On continue de le remplir, et quand il est à moitié plein, on brûle un peu de mèche sur le vin, en prenant les précautions d'usage pour éviter de laisser tomber la mèche dans le liquide, et on agite de nouveau. — On recommence cette opération jusqu'à ce que le fût soit plein.

Nous ne donnerons pas ici la théorie du soufrage, ceux qui voudraient la connaître pourront consulter le *Manuel de l'Amélioration des Liquides*, à cet effet (1).

Soutirage des vins qui menacent de fermenter. — Si l'on présume qu'un vin ait fait du dépôt depuis le soutirage et que l'on reconnaisse aux signes que nous avons précédemment donnés, qu'il ait de la tendance à fermenter, il faudrait se hâter, bien que l'époque soit défavorable, de le soutirer dans un fût méché fortement, afin d'empêcher, d'une part, que le dépôt remonte dans le vin et le trouble, et de l'autre, pour arrêter la fermentation.

Cidres. — Le mois d'août est l'époque la plus critique pour le cidre en fût. Il n'y a que ceux qui sont faits presque sans addition d'eau, dans de bonnes conditions et avec de bons fruits, qui traversent la saison des chaleurs sans en être profondément affectés, même quand ils sont enserrés dans de bonnes caves et enfûtés convenablement. Ils exigent des

(1) Un vol. in-18, 3 fr., à la Librairie Roret.

soins et une surveillance de tous les instants, pour s'assurer qu'ils n'aigrissent pas. Aussitôt que l'on reconnaît ou constate un mouvement de fermentation, il faut se hâter de soutirer dans un fût méché et muter. C'est une précaution qui n'est jamais perdue.

Nous recommandons, ici, de consulter ce que nous avons dit précédemment pour la conservation du cidre. Les prescriptions que nous avons recommandées en juin, sont encore plus importantes, plus impérieuses pour le mois d'août : qu'on y recoure donc. Nous recommandons aussi de tenir la cave le plus fraîchement possible : cela est aussi et plus indispensable encore que pour le vin.

Il faut éviter de laisser les fûts en vidange, surtout à cette époque, on devra donc les remplir très-exactement, et dans le cas où l'on n'aurait qu'un seul fût de cidre qu'on désirerait conserver, il faudrait le remplir avec de l'eau et de l'alcool, dans la proportion d'un litre d'alcool pour 5 litres d'eau, ou 2 litres d'eau-de-vie et 2 litres et demi d'eau.

Moyen d'empêcher le vin de fermenter. — Il est rare que l'on ne sache pas quels sont les vins qui sont susceptibles de subir la fermentation secondaire. Pour être à l'abri des accidents qui en résultent, il y a deux moyens à employer. Le premier que nous avons indiqué, est de soufrer les tonneaux et au besoin de muter le vin à l'aide de mèches soufrées et aromatisées (1) ; le second, de faire dissoudre dans le

(1) Voir la Liste des produits œnologiques à la fin.

vin 100 à 120 grammes d'*anti-ferment* ou poudre *anti-fermentescible*, par hectolitre (1). Avec ces précautions, on met généralement le vin à l'abri des fermentations secondaires et de l'acidification.

Dégradation ou perte de couleur. — La fermentation secondaire, le soufrage et le mutage diminuent la couleur des vins. Pour ceux qui sont très-colorés, cela n'est pas un grand inconvénient ; mais pour ceux qui ne sont pas trop colorés et surtout pour ceux qui ne le sont pas assez, l'inconvénient est beaucoup plus grave, tellement grave, qu'il est indispensable de les remonter en couleur si l'on veut s'en défaire.

Il y a deux moyens de ramener ces vins à leur coloration normale : les couper avec des vins noirs du Midi, et y ajouter de la teinte.

En les colorant avec une addition soit de Narbonne, soit de Roussillon, ou autres gros vins du Midi, on a le double inconvénient, si l'on opère sur des vins d'une certaine valeur ou qui ont du bouquet, de les détériorer en modifiant profondément leur saveur et en causant la perte du bouquet. — Nous préférons donc, et on préfère généralement employer une bonne teinte, notamment la teinte bordelaise (1), dont il faut à peine 1 ou 2 pour 100, ce qui est à la fois plus économique et plus inerte, puisque cette teinte étant à peu près inodore et insipide, elle n'altère ni la saveur, ni le bouquet du vin.

L'addition de vin noir, pour la coloration, a un autre inconvénient plus grave encore, c'est qu'elle

(1) Voir la Liste des produits œnologiques à la fin.

excite presque toujours une fermentation dans le vin auquel elle est faite, et par là on augmente encore la chance des avaries que l'on doit le plus redouter. La coloration à l'aide de ces vins n'est bonne que pour les vins destinés au comptoir ou à la consommation immédiate. Nous recommandons à ceux que cela intéresse, le *Manuel de l'Amélioration des Liquides* (1).

Défauts naturels des vins qui en empêchent la conservation. — Les vins dont les défauts naturels peuvent en empêcher la conservation doivent être corrigés avant l'arrivée des chaleurs; mais si l'on n'a pu le faire plus tôt, il est encore temps de le faire, afin d'éviter les inconvénients qui pourraient en résulter. Nous n'entrerons pas dans de grands détails au sujet des vices naturels du vin, nous nous bornerons à signaler ceux qui mettent le vin en danger de perte en été, renvoyant ceux qui voudraient avoir de plus amples renseignements au *Manuel de l'Amélioration des Liquides*, dont nous avons déjà parlé.

Les vins dont la conservation est difficile en été, sont les vins faibles en alcool et les vins usés. Il est prudent de les viner au plus tôt, qu'ils soient ou non en fermentation, troubles ou limpides; car ils peuvent être atteints d'un moment à l'autre de ces dégénérescences, et alors, ou ils deviendraient acides, ou ils contracteraient un goût d'évent ou de pourri.

Pour les viner, il faut ajouter de 4 à 6 litres d'eau-

(1) Un vol. in-18, 3 fr., à la Librairie Roret.

de-vie de vin, ou de 2 à 3 litres d'alcool à 85° par 230 litres.

Cette addition ne saurait être nuisible ou malfaisante, attendu que l'eau-de-vie et l'alcool sont des parties constituantes du vin; il est vrai que cet alcool a été extrait par la distillation et qu'il diffère un peu de celui qui est contenu dans le vin. Néanmoins, il n'a pas, pour avoir changé de goût, changé de nature et de propriétés.

L'addition de cette substance a le triple but d'adoucir les vins durs, de remonter les vins faibles et les vins vieux ou usés, et de contribuer à leur conservation. Ainsi traités, ces vins peuvent passer sans accident la saison des chaleurs, et l'époque critique du mois d'août, car plusieurs résistent jusque-là et tournent à la fin du mois.

Du reste, que l'on sache bien que l'action de viner n'est pas une fraude, qu'elle est autorisée dans les départements du Midi, et que dans toutes les autres parties de la France, elle se fait sous les yeux des employés de la régie.

Si au lieu de 3/6 de vin, ou d'eau-de-vie, on voulait employer de l'alcool d'industrie, il faudrait l'abaisser avec trois fois son volume d'eau, et ajouter au mélange un gramme de carbonate de soude par litre d'alcool. Cette addition suffit pour modifier le goût et le caractère de l'alcool.

Altérations et maladies du vin. — Tous les ans, à cette époque, surtout, une immense quantité de vins *tournent* (aigrissent). Divers procès ont eu lieu à ce sujet, et des chimistes ont été appelés à en rechercher les causes et à en apprécier les effets.

Il a été reconnu et constaté que ces vins contiennent des myriades d'anguilles, et que l'extrait sec retiré de ces liquides était moins considérable que dans ceux de même provenance qui n'avaient pas subi cette altération.

On sait que la fermentation acéteuse amène toujours la formation des anguilles; il y a certains vinaigres de vins faibles qui en contiennent d'une dimension telle, qu'on les aperçoit distinctement et à l'œil nu : il y en a qui atteignent souvent 5 millimètres de longueur. Quant à l'extrait sec, il est d'autant moindre que l'acescence est parvenue à un plus grand développement, c'est à peine si dans le vinaigre, il est de 50 p. 0/0 de ce qu'il était dans le vin qui l'a produit.

Tous ces effets sont dûs à l'action du ferment, qui est une cause animée, ainsi que nous l'avons dit dans notre article du mois de juillet.

Nous n'entrerons pas dans de nouvelles considérations à ce sujet; nous nous bornerons à dire, pour compléter notre pensée, qu'il faut éliminer, endormir ou tuer le ferment. On l'élimine au moyen des soutirages répétés, de collages avec des substances non susceptibles de servir d'aliment ou de stimulant au ferment, comme le fait la gélatine, qui doit être rejetée comme agent de clarification, pour tous les vins qui ont une tendance à devenir aigres. — On l'endort par le soufrage des fûts, le mutage du vin, et par une forte addition d'alcool. On ne peut le tuer que dans les tonneaux vides, en les lavant avec de l'acide sulfurique; ces lotions tuent ce parasite qui est renfermé dans la gravelle ou le tartre adhérent aux parois.

Comme moyen de guérison, il faut recourir à la préparation connue sous le nom de vin aigre, et dont nous avons déjà parlé.

DEUXIÈME PARTIE.

DU MOUILLAGE DES ALCOOLS ET EAUX-DE-VIE.

Le maître de chais a très-souvent à procéder au mouillage et au coupage des alcools et eaux-de-vie. L'étendue de cet ouvrage ne nous permet pas d'entrer dans des détails à ce sujet, aussi renvoyons-nous aux *Manuels du Négociant en Eaux-de-vie* (1), du *Distillateur-Liquoriste* (2) et de l'*Amélioration des Liquides* (3), ceux qui voudraient s'instruire à fond sur cette pratique. Nous ne donnerons donc ici que quelques exemples de mouillage et de coupage.

Tous les mouillages ont pour but de rendre les 3/6

(1) 1 vol. in-18, 75 centimes. (2) 1 vol. in-18, 3 fr. 50 c. (3) 1 vol. in-18, 3 fr., qui se vendent tous trois à la Librairie Roret.

et eaux-de-vie potables et de les rapprocher des cognacs. Voici donc quelques formules; on trouvera les autres dans les Manuels que nous venons de citer, ainsi que les procédés de vieillissement des eaux-de-vie et des dédoublages.

Pour faire 100 litres de cognac, prenez :

Alcool de bon goût, réduit à 60°. . .	84 litres.
Eau-de-vie nouvelle, dite des Bois ou de Cognac.	15 litres.
Rhum ou tafia.	1 litre.
Elixir de Cognac ou essence de Cognac.	1 flacon.
Charentaise, pour colorer suivant la nuance désirée, de.	50 à 100 gram.
Total.	100 litres.

Pour faire 100 litres de Cognac avec des eaux-de-vie ordinaires, prenez :

3/6 de Montpellier, Béziers, ou autre 3/6 de vin réduit à 60°.	38 litres.
Alcool de grains ou de betteraves, bon goût, à 60°.	50 litres.
Eau-de-vie de Surgères, de Cognac, ou d'Agrefeuille.	10 litres.
Rhum.	1 litre.
Kirch.	1 litre.
Elixir de Cognac.	1 flacon.
Charentaise, pour colorer suivant la nuance désirée, de.	50 à 100 gram.
Total.	100 litres.

Ou encore :

3/6 de vin du Midi, bon goût, réduit à 60°.	84 litres.
Eau-de-vie de Cognac nouvelle.. . .	15 litres.
Rhum.	1 litre.
Essence ou élixir de Cognac. . . .	1 flacon.
Charentaise, de..	50 à 100 gram.
Total.	100 litres.

Pour vieillir, clarifier, colorer, parfumer ou bouqueter les eaux-de-vie, dédoublages, pour imiter les eaux-de-vie de Cognac avec le 3/6 de betterave, de grains, de mélasse, consulter le *Manuel de l'Amélioration des Liquides*.

On trouvera également le moyen de remplacer avec avantage les infusions de thé, de tilleul, de scolopendre, de feuilles d'oranger, de réglisse, et autres anciennes préparations prônées par l'ignorance et la routine. Toutes ces infusions sont abandonnées, depuis longtemps, par les bons praticiens, car elles ne font que donner des goûts étrangers aux eaux-de-vie. Dans tous les cas, elles sont insuffisantes sur les coupages dans lesquels il entre du 3/6 ou des alcools de grains et de betteraves; elles nuisent plutôt qu'elles ne sont utiles, en affaiblissant le bouquet naturel des eaux-de-vie de vin qui entrent dans le mélange. — Il en est de même du sucre candi qui alourdit l'eau-de-vie et lui ôte du degré. (Voir, pour plus de détails, le *Manuel du Distillateur-Liquoriste* cité plus haut.)

UTILISATION DES LIES DE VIN.

Les lies de vin sont un déchet qui constitue une perte sèche pour le négociant et le vigneron. Aussi s'est-on occupé de rechercher le moyen de les utiliser et de compenser avec elles le coulage, les vidanges et l'évaporation. Voici, de tous les systèmes mis en pratique, celui qui nous semble le plus propre à remplir le but :

Prenez :

Lie épaisse ou dépôt résultant des soutirages et des collages.....	100 litres.
Eau potable.	450
Alcool bon goût à 90°.	100

Agitez fortement pendant dix minutes pour opérer le mélange, et laissez reposer.

Le lendemain, recommencez de brasser ou d'agiter de nouveau. Répétez cette opération pendant huit jours; laissez déposer pendant quatre à cinq jours, et soutirez le liquide clair ou non, dans un fût méché fortement, et prenez :

Liquide déposé..............	100 litres.
Carbonate de soude.	20 gram.
Teinte bordelaise..	2 litres.
Poudre anglaise.	30 gram.
Bouquet de Pomard.	1 flacon.

Fouettez vivement le tout ensemble et soutirez après clarification.

On se sert de ce vin de lie pour faire les remplissages ou combler la vidange, mais en ayant le soin de n'opérer que sur des vins ordinaires, et encore en ne dépassant pas 10 litres par hectolitre, autrement, le vin ainsi traité pourrait perdre de son caractère spécial.

DÉTERMINATION DU DEGRÉ ALCOOLIQUE DES VINS.

Le négociant et le producteur ont souvent besoin de connaître le degré alcoolique des vins. Il est indispensable, pour cela, de recourir à une opération que nous allons indiquer, et qui consiste à distiller le vin à l'aide d'un petit appareil destiné à cet usage. Le plus commode est l'alambic Salleron. Voici le mode d'opérer :

On mesure, dans une éprouvette, 100 grammes (1 décilitre de vin), on le met dans le ballon en verre (petite cucurbite), on dispose l'appareil comme cela se fait pour toutes les distillations, et on allume la lampe à esprit-de-vin.

Le vin ne tarde pas à entrer en ébullition, et les vapeurs montent dans le tube en caoutchouc et arrivent dans le serpentin ; elles se condensent sous l'impression de l'eau froide contenue dans le réfrigérant, l'alcool produit tombe dans l'éprouvette qui est placée sous le réfrigérant.

Si le vin est riche en alcool, on distille jusqu'à ce qu'il y ait 50 grammes (1/2 décilitre) de passé dans l'éprouvette ; s'il est pauvre, on arrête à 33 grammes (1/3 de décilitre). On remplit avec de l'eau l'éprouvette exactement jusqu'à 100 grammes (1 décilitre), en la laissant tomber goutte à goutte. On plonge le thermomètre dans le liquide, qu'on amène à 15° centésimaux. Quand le liquide est à ce degré, on introduit l'aréomètre ou pèse-liqueur, et on a ainsi le degré de l'alcool. Si l'alcoomètre marque 10, 12, 14 ou 20, on dit que le vin porte 10, 12, 14 ou 20 pour 100 d'alcool (Voir le *Manuel du Négociant d'eau-de-vie, etc.*, pour plus amples renseignements) (1).

JAUGEAGE.

Le maître de chais ayant tous les jours à apprécier la contenance des fûts, nous avons cru devoir dire deux mots du jaugeage ; mais ceux qui voudraient avoir sous la main des calculs tout faits pour s'éviter de les faire eux-mêmes, les trouveront dans le *Manuel des Marchands de Vins, Débitants de Boissons et du Jaugeage*, ouvrage très-complet (2).

On fait généralement usage d'une jauge en fer ou en bois, dans la régie ; sur une des faces de cette jauge, de 124 centimètres, figure un mètre ; sur la face opposée est une échelle dont les divisions vont toujours décroissant, depuis le n° 1, qui est au bas, jusqu'au n° 100 qui est à la partie supérieure.

(1) Un vol. in-18, 75 centimes, à la Librairie Roret.

(2) 1 gros vol. in-18, contenant les lois et règlements relatifs aux boissons, 3 fr. 50 c., à la Librairie Roret.

On introduit la règle diagonalement par la bonde jusqu'à ce qu'on rencontre le fond dans sa partie la plus basse, afin d'obtenir, au-dessous du bois, la plus grande distance oblique de ce fond au centre de la bonde. Dans la crainte que la bonde ne soit pas placée exactement au milieu, il faut jauger des deux côtés et prendre la moyenne (ou la moitié des deux résultats); la jauge porte une échelle de 100 degrés, chiffrés de 5 en 5; chaque degré vaut un décalitre, ou 10 litres, 10 degrés valent 100 litres, et 100 valent 1,000 litres.

M. Duliège de Puychaumeix est breveté pour une jauge en bois pliante, dont le prix est de 3 fr. 50; elle est d'un usage facile. Les maîtres de chais trouveront un grand avantage à s'en servir.

JAUGEAGE MÉTRIQUE.

Voici, d'après M. Duliège, la manière de procéder au jaugeage métrique.

Pour trouver la contenance d'un fût, on cherche le diamètre réduit, qui s'obtient en ajoutant le diamètre des fonds au double de celui du bouge et en divisant par trois. Ensuite, on multiplie ce diamètre réduit par 3,142, ce qui donne la circonférence du cercle. On multiplie cette circonférence par le quart du diamètre réduit, et on multiplie ce produit par la longueur du tonneau.

Opérons sur un tonneau dont la longueur entre les deux jables est de 81 centimètres, le diamètre du fond

61 centimètres, et le diamètre du bouge de 73 centimètres.

On a le diamètre du fond. 61
Ajouté à 2 fois le diamètre du bouge, 73, soit 146

Total. 207

Dont le tiers est de. . . . . 69, soit
le diamèt. réduit que l'on multip. par 3,142
69

28278
18852

216798 circonférence que l'on multiplie par.. . . . . . 172 quart de 69, diam. réd.

433596
1517586
216798

37289256 surface du cercle moyen que l'on multiplie par 81 longueur du tonneau.

37289256
298314048

3020429736 ce qui donne un peu plus de 302 litres pour contenance du tonneau.

JAUGEAGE PAR LE POIDS.

Un litre d'eau ou de vin pèse 1 kilo; en ayant le poids d'un fût on en connaît donc la contenance, puisque chaque kilo fait un litre, moins la tare du fût. La difficulté est de connaître le poids du tonneau sans le vider, pour le retrancher du poids total. Voici un tableau, extrait du *Manuel des employés* de l'octroi de Paris, qui indique la tare des tonneaux des principales contrées de la France.

	Litres.	Poids.
Pièce de Beaune, contenance de.	230	29 kilog.
— d'Anjou, bois mince. . . .	230	37
— d'Anjou, bois fort.. . . .	230	40
Touraine et Orléans, bois mince.	236	37
— — bois très-mince.	246	35 1/2
Orléans, bois fort.	230	46
— pièce neuve.	230	47
Pièce du Cher.	244	43 1/2
Gâtinaise.	222	40
Rénaison, bois fort et fort sommier.	200	38
Mâcon, fonds plâtrés.	214	46
Auvergne, bois mince.	281	35 1/2
— ordinaire.	326	42
— fort.	293	43
— très-fort.	236	49
Bordeaux, bois mince.	218	50 1/2
— ordinaire.	221	58 1/2
— ordinaire.	216	57
— ordinaire.	214	56
— bois fort.	226	61
— bois fort.	225	61
Pièce frauduleuse, bois aminci sur les flancs.	276	57
Languedoc, bois mince.	285	50 1/2
— bois fort.	274	58

	Litres.	Poids.
Marseille, fonds ordinaires. . .	213	46
— fonds plâtrés.	220	50
Cahors, bois épais.	214	56
Petit muid de Montpellier. . .	313	61
Eau-de-vie.	313	61
Pièce de Cognac, eau-de-vie. .	297	49 1/2
Gros muid de Montpellier. . .	380	66.7
— — . .	430	72.6
Pipe Cognac, eau-de-vie. . .	500	87.6
— de Montpellier, vin . . .	615	99
— esprit.	613	117
— esprit.	630	»
— esprit.	640 à 650	»

VIDANGE DES FUTS.

Il est souvent très-utile de connaître la vidange des fûts; mais comme cela est d'une médiocre importance pour nos lecteurs, nous nous bornerons à renvoyer au *Manuel de l'Amélioration des Liquides*, ceux qui voudraient pouvoir l'apprécier d'une manière à peu près exacte.

La contenance d'un fût étant connue, il suffit de prendre le diamètre du bouge et voir le nombre de centimètres mouillés. En se reportant sur l'échelle du tableau, on connaît immédiatement les manquants, et par conséquent le nombre de litres restant dans le fût.

CUVÉES DU COMMERCE.

Le maître de chais a souvent à procéder à des cuvées de vin (mélanges); les limites de cet ouvrage nous obligent encore à le renvoyer au *Manuel de l'Amélioration des Liquides*, où il trouvera tout ce qui peut l'intéresser. Mais que l'on n'oublie pas que tous les mélanges de vins communs faits avec de bons ordinaires et même des vins fins, enlèvent tout bouquet, toute sève agréables; ce n'est que par l'emploi des bouquets factices, que l'on remédie à ces inconvénients qui sont fort graves, quand on a une clientèle bourgeoise. Les vins ordinaires mélangés ne sont absolument bons que pour les cabarets, s'ils ne sont pas remontés et ranimés par les préparations œnologiques, dont nous donnons la liste plus loin.

CONTENANCE DES FUTS.

Les fûts varient de contenance selon les localités, il est à désirer que nous ayons bientôt une jauge uniforme avec des divisions, soit de 1, 2, 3, 4, 5 ou 6 hectolitres, afin de faciliter les transactions; mais en attendant cette réforme, il faut se familiariser avec les jauges de tous les pays. Nous avons donné au tableau de jaugeage la contenance des principaux vases de la France, en omettant toutefois ceux de la Bourgogne; nous aurions désiré les donner tous; mais cela nous est impossible dans cette édition. Aussi nous renvoyons nos lecteurs au *Manuel du Sommelier* (1), quant à présent.

Comme la Bourgogne occupe l'un des premiers rangs parmi les pays viticoles, tant en raison de la qualité que de la quantité de ses vins, nous allons, pour réparer l'omission faite au tableau du *Manuel des Employés*, donner la contenance de ses fûts.

Demi-queue ou tonneau de la Côte-d'Or.	228 litres.
Demi-queue ou tonneau de Riceys (Aube).	228 litres.
Feuillette ou tonneau de la Côte-d'Or.	114 litres.

DES PRODUITS ŒNOLOGIQUES.

L'une des plus belles découvertes, ou du moins l'une des plus utiles que la chimie œnologique ait faites en ces derniers temps, est sans contredit celle des bouquets ou sèves des vins. C'est par elle que les vins les plus entachés de goûts de terroir sont devenus potables; c'est par elle que les vins médiocres, inertes, sans sève et sans bouquets, sont devenus des vins agréables, c'est par elle enfin que les grands vins qui, par suite d'un accident quelconque, d'une fermentation intempestive ou de toute autre cause, ont perdu leur sève et leur bouquet, peuvent les récupérer.

Chaque jour amène un progrès dans la fabrication

(1) 1 vol. in-18, avec figures, 3 fr., à la Librairie Roret.

comme dans la consommation du vin. Il y avait des localités qui étaient obligées de consommer elles-mêmes leurs produits, parce qu'au-delà de chez elles, on ne pouvait s'accoutumer à les boire, en raison de leur arôme; aujourd'hui, ces vins sont excellents, parce qu'à l'aide de soutirages et de collages répétés, on est parvenu à les affranchir de ces goûts détestables. On a fait plus, on leur a donné le goût et le bouquet des bons vins, à l'aide de bouquets factices. Tout le monde y a gagné et personne n'est lésé ni dans sa santé ni dans ses intérêts. A une telle industrie, il nous semble qu'on ne peut qu'applaudir.

Nous connaissons un grand nombre de maisons qui ne vendent pas une seule pièce de vin sans y ajouter un bouquet factice; elles trouvent ainsi, avec le concours des agents de clarification que nous avons recommandés, le moyen de faire entrer dans la consommation des produits qui sont repoussés en raison de leur mauvais goût, quand ils n'en ont pas été affranchis.

Nous avons eu tout récemment un exemple de cette pratique utile; un négociant avait acheté des vins à un propriétaire à raison de 30 francs l'hectolitre, et quand il les eut travaillés, le propriétaire les lui racheta 48 francs, un mois après, en toute connaissance de cause.

LISTE

DES PRINCIPALES PRÉPARATIONS ŒNOLOGIQUES POUR L'AMÉLIORATION DES VINS

Toutes ces préparations sont salubres, autorisées ou tolérées par la police; plusieurs d'entre elles ont même été l'objet de récompenses aux expositions françaises.

(*Nota.* — Ces préparations sont fabriquées par MM. Lebeuf et Cie, à Argenteuil (Seine-et-Oise). Ils ont des dépôts à Paris pour le service de la ville; mais les personnes qui ne sont point en relation avec la maison et qui n'habitent pas Paris doivent s'adresser directement à Argenteuil.)

Ambréine, pour donner aux vins nouveaux la couleur jaune du vin vieux, la dose pour 230 litres. 1 fr. 50

Anti-ferment, poudre pour prévenir ou arrêter la fermentation des vins rouges et des vins blancs; le kilog. pour 15 à 20 hectolitres. . . . . 5 fr.

Bouquet œnanthique du Midi, pour donner aux vins le bouquet et la sève des vins vieux. Le flacon pour 230 litres.. . . . . 2 fr.

Bouquet de Pomard et de Bourgogne. Donne au vin le goût et le parfum du vin vieux de Bourgogne. Le flacon pour 230 litres.. . . . . 3 fr.

Caramel raisin, les 100 kilog. net. . . . . 75 fr.

Charentaise, pour colorer les eaux-de-vie et leur donner le goût et la couleur des eaux-de-vie de la Charente, le litre pour 10 hectolitres. . . . . . . 4 fr.

Colle conservatrice des vins, pour les clarifier, les conserver, prévenir et arrêter l'aigre, la pousse, etc., le demi-kilog. pour 20 pièces. . . . . 5 fr.

Désacidifieur pour détruire l'acidité des vins nouveaux, les adoucir et les conserver; le demi-kilog. pour trois pièces. . . . . 5 fr.

Désinfecteur des futailles ou Poudre des tonneliers, pour assainir les fûts gâtés ou de mauvais goût; le kilog. pour 3 à 6 fûts de 230 litres. . . . . 2 fr.

La caisse de 50 kilog., net et sans escompte. . 75 fr.

Durcisseur des vins, pour relever les vins fades et leur donner le rèche des vins de Bordeaux, la dose pour 230 litres.. . . . . 1 fr. 50

Elixir de Cognac, pour donner aux coupages d'eau-de-vie, aux dédoublages de 3/6, aux eaux-de-vie de betteraves et de grains, le goût et le bouquet des eaux-de-vie de Cognac, le flacon pour 100 litres. . . . . . 5 fr.

Esprits parfumés, distillés et rectifiés, pour fabriquer les liqueurs extra-fines, le litre nu, n° 2, 2 fr. net; n° 1, 2 fr. 50, net.

Essence de Cognac (*garantie*). Communique aux eaux-de-vie de betteraves et de grains le goût des cognacs. Le flacon pour 100 litres. . . . . 5 fr.

Essences de Madère, Muscat, Malaga, Alicante, Vermout, Porto, Lacryma-Christi, Grenache, Xérès, Tokai, etc., pour les fabriquer avec du vin ordinaire. La dose, pour 25 litres. . . . . 6 fr.

Essence de Rhum, essence de Kirsch, extrait concentré d'Absinthe, pour les faire avec de l'alcool, la dose pour 50 litres. . . . . 6 fr.

Extraits parfumés, pour fabriquer les liqueurs, telles que anisette, chartreuse, raspail, curaçao, noyaux, bitter, parfait-amour, rosolio, huile de rose, vespétro, vanille, mézenc, garus, génépi des Alpes, cassis, scubac, crême de menthe, marasquin, eau d'or, et autres. La dose pour 25 litres. . . . . 4 fr.

Extrait de Bordeaux ou séve de Médoc. Un flacon suffit pour donner le bouquet des vins du Médoc à une barrique de 230 litres. Prix. . . . . 2 fr.

Fleur de vieux Cognac, préparation anglaise pour imiter l'eau-de-vie de Cognac, avec des 3/6 d'industrie, le demi-litre pour 100 litres.. . . . . 7 fr.

Gélatine épurée, pour la clarification des vins nouveaux, inodore et ne décolorant pas (nouveau procédé), le demi-kilog. . . . . 3 fr.

Huile d'Armagnac, pour donner aux eaux-de-vie de betteraves et de grains le goût des Armagnacs, le flacon pour un hectolitre. . . . . 4 fr.

Maladies des Vins. Les altérations qui surviennent le

plus souvent aux vins sont : *l'aigre, l'amer, la graisse, la moisissure, la pousse, etc.* Chaque maladie est guérie au moyen d'un produit spécial pour chacune.

(*Il est indispensable d'indiquer la maladie d'une manière précise. Si on ne la connaissait pas, il serait bon d'envoyer franco à la fabrique, à Argenteuil, un échantillon du vin malade pour éviter tout traitement inopportun ou onéreux*). Le prix de chaque dose, pour 230 litres, est de.. . . . . 3 fr.

Mèches soufrées perfectionnées, ordinaires sur toile, le kilog., 90 c.; roses, dites à la violette, 1 fr.

Poudre anglaise pour clarifier les vins, les bonifier et augmenter de suite leur bouquet. Le demi-kilog., pour 30 à 40 pièces.. . . . . 5 fr.

Poudre clarifiante des eaux-de-vie, pour clarifier, affiner les eaux-de-vie et faire sortir leur bouquet, le demi-kilog.. . . . . 6 fr.

Poudre des vins de Bordeaux et de la Gironde, pour clarifier les vins de Bordeaux, le demi-kilog. pour 30 à 35 barriques. . . . . 5 fr.

Poudre des vins de Bourgogne, pour les clarifier, les conserver et les dépouiller, le demi-kilog. pour 30 à 35 pièces de 230 litres. . . . . 5 fr.

Poudre des vins du Midi, pour les clarifier, les conserver et arrêter ou empêcher l'aigre, le demi-kilog. pour 50 hectolitres. . . . . 5 fr.

Poudre décolorante, pour décolorer et clarifier les vins blancs et vinaigres, le demi-kilog. pour 20 pièces, 5 fr.

Poudre-colle des vins blancs, pour les clarifier et les conserver, le kilog. pour 50 hectolitres. . . . 10 fr.

Poudre graduée, système Jullien, pour la clarification et la bonification des vins; prix du demi-kil. 5 fr.

N° 1. Clarifie tous les vins rouges; — N° 2, les vins nouveaux; — N° 3, les vins gras; — N° 4, ceux qui ont un goût de terroir ou de fût.

Rancio des vins, donnant indistinctement à tous les vins le goût de vieux (*rancio*) si recherché; le demi-litre pour 230 litres. . . . . 4 fr.

Sève de Beaune, pour donner aux vins le goût et le bouquet des vins de la côte de Beaune; le flacon pour 230 litres. . . . . 3 fr.

Sève de Chablis, pour imiter ces vins; le flacon pour 230 litres. . . . . 2 fr.

Sève de Champagne, pour donner de la sève et du bouquet aux vins blancs, les améliorer, vieillir, etc.; le flacon pour 230 litres. . . . . 2 fr.

Sève de l'Hermitage, pour donner la sève et le bouquet exquis de ces vins aux vins bien constitués; la dose pour 228 litres. . . . . 3 fr.

Sève de Médoc (dite Saint-Julien), pour donner du parfum aux vins, augmenter leur bouquet; le flacon pour 230 litres. . . . . 1 fr. 25

Sève des vins blancs vieux, donne aux vins blancs ordinaires le bouquet et la sève des vins fins et vieux; le flacon pour 230 litres. . . . . 2 fr.

Sève de Sillery, donne aux vins blancs la sève des vins de Champagne. Indispensable pour la fabrication des vins mousseux. Le flacon pour 230 litres. . . 5 fr.

Sève des vins du Midi, pour donner aux vins des plaines du Midi la sève et le bouquet des vins de montagne; le flacon pour deux hectolitres. . . . 2 fr. 50

Sirop de raisin, préparé spécialement pour le dédoublage des 3/6 et le mouillage des eaux-de-vie; les 100 kilog. net. . . . . 110 fr.

Tannin en dissolution, pour le travail des vins mousseux et le traitement de certaines maladies des vins; le demi-litre. . . . . 3 fr.

Teinte bordelaise, pour colorer et conserver les vins (un litre donne autant de couleur que 20 litres de vin de Narbonne), net, l'hectolitre. . . . . 130 fr.

Vieillisseur des eaux-de-vie de Cognac, donne six à huit ans d'âge à tout cognac ou bonne eau-de-vie de vin; le flacon pour 100 litres. . . . . 5 fr.

Vieillisseur des vins Vieillit, adoucit et clarifie les vins nouveaux en quelques jours. Prix du flacon, pour une pièce de 230 litres. . . . . 3 fr.

VOCABULAIRE EXPLICATIF

DES

TERMES CHIMIQUES ET TECHNIQUES EMPLOYÉS DANS CET OUVRAGE.

A

Acescence. — C'est le commencement de la fermentation acétique. (Voir *Acide acétique.*)

Acéteux, acéteuse. (Voir *Acide acétique.*)

Acétification. (Voir *Acidification.*)

Acétifié. Qui est aigre ou acéteux.

Acide acétique. Décomposition de l'alcool en vinaigre. Cette décomposition a lieu par la fermentation ou le contact de l'air, à une température un peu élevée.

Le vin contenant toujours du ferment ou des matières qui peuvent le former, il suffit de l'exposer au contact de l'air pendant un certain espace de temps pour qu'il se convertisse en vinaigre. C'est entre le 25e et le 32e degré de chaleur que l'acide acétique se forme le plus rapidement.

Acidification. (Voir *Acescence.*)

Acide carbonique. C'est un fluide qui se forme lors de la fermentation, soit dans les cuves, soit dans les fûts. Il tue les hommes et les animaux, il éteint les corps enflammés ou en combustion. Il est plus pesant que l'air. Un litre pèse 1 gr. 98 centigrammes, tandis que l'air atmosphérique ne pèse que 1 gr. 30 centig. C'est lui qui éteint le papier enflammé ou la bougie, quand on les descend dans un fût aigri ou acétifié. Il faut donc toujours l'expulser des fûts quand on l'y rencontre.

Acide sulfureux. C'est le résultat de la combustion du soufre dans l'air atmosphérique. Quand on brûle une mèche soufrée dans un fût, il se produit du gaz acide sulfureux. Il est soluble dans l'eau; aussi, quand un fût est soufré fortement, il faut le laver à grandes eaux pour le débarrasser de l'odeur du soufre.

Arôme. Goût naturel et désagréable des vins, provenant soit du sol, soit de la nature du cépage. Il est synonyme de goût de terroir. Quand il est agréable, on le nomme bouquet.

B

Bouquet. Parfum qui s'exhale naturellement du vin ou quand on l'échauffe en tenant le verre à la main. Le bouquet est toujours agréable ; il est l'un des principes caractéristiques des vins fins. Il est dû à la présence de l'éther œnanthique (*voir* ce mot).

Brasser. Mélanger en agitant longtemps et dans tous les sens.

C

Coupages. Quand on mélange deux liquides ensemble, on fait un coupage.

D

Décanter. Tirer à clair un liquide qui est sur son dépôt.

Dédoublages. Quand on ajoute de l'eau à un liquide, on le dédouble ou on l'affaiblit, ce qui est synonyme.

Dégradation de la couleur. On dit qu'un vin est en dégradation de couleur quand de rouge, il est passé à une nuance beaucoup moins foncée, ou qu'il est devenu noir, azuré, bleu ou d'un violet sale. Cependant, on ne dit pas d'un vin usé qu'il est en dégradation de couleur; ce terme s'applique spécialement à la modification de couleur produite par la pousse et autres altérations.

E

Ether œnanthique. Combinaison de l'alcool de vin avec les acides organiques du vin.

Evaporation. En exposant un liquide à l'air, il se vaporise, c'est-à-dire qu'il est absorbé par l'air et la chaleur. En faisant bouillir un liquide, il se vaporise encore plus promptement. Dans l'un comme dans l'autre cas, il y a évaporation.

F

Ferment. Principe qui convertit le sucre en alcool, l'alcool en vinaigre, et qui conduit ce dernier à la putréfaction.

G

Gaz. Fluide aériforme qui diffère de l'air atmosphérique, le plus souvent soluble dans l'eau, à la température la plus basse, comme à la plus élevée.

Gélatine. Substance extraite des os, des cartilages et de diverses matières animales, qui a la propriété de former gelée avec l'eau. On s'en sert pour clarifier les vins très-colorés et trop chargés de tannin ; mais son usage est dangereux, en ce qu'elle est susceptible de développer la fermentation acéteuse (de faire tourner le vin en vinaigre), de rester en suspension dans le liquide, de lui communiquer un mauvais goût, de le rendre amer, gras ou filant, etc.

Gleucomètre. Instrument destiné à peser le moût.

Goût de terroir. Arrière-goût désagréable qu'ont les vins de certains pays. Il est dû comme l'arôme, qui n'est que son synonyme, aux cépages ou aux engrais trop abondants, ou encore, et le plus souvent, à la nature et à l'exposition du sol. Certaines plantes qui croissent dans les vignes peuvent encore donner au vin un goût de terroir. (Voir *Arôme.*)

H

Huiles essentielles. Vulgairement essences. Ce sont des matières volatiles, odorantes, insolubles dans l'eau et solubles dans l'alcool, qu'on retire des plantes aromatiques et de la pellicule du raisin. Ce sont elles qui communiquent à l'eau-de-vie de marc cette odeur et cette saveur *sui generis* caractéristique qui la distinguent de toutes les autres eaux-de-vie.

I

Infusoires. Animalcules très-petits, invisibles à l'œil nu, que l'on n'aperçoit qu'à l'aide d'un microscope. Ils existent dans les vins altérés, dans le vinaigre, etc. On les rencontre également dans les eaux croupies, dans les eaux de citerne, de rivière, et en général dans toutes les eaux potables. Cependant, plus l'eau est pure, et plus leur nombre est faible. On en distingue de plusieurs espèces qu'on désigne sous un nom qui rappelle leur forme ou leur manière de vivre. Les infusoires *rotateurs,* les infusoires *polygastriques,* les infusoires *vermiformes.*

M

Matière colorante. Substance dont la composition est encore inconnue, mais qui réside dans la pellicule du raisin. Elle est soluble dans l'alcool et insoluble dans l'eau, ou à peu près. C'est ce qui est cause que dans les vins altérés dont l'alcool est évaporé ou décomposé en vinaigre, la couleur disparaît presque entièrement. La lumière détruit aussi plus ou moins promptement la matière colorante des vins, et, en général, toutes les couleurs végétales.

Matière extractive. Substance qui existe dans tous les végétaux, et qui est susceptible de se dissoudre dans l'eau. Elle se présente sous plusieurs formes et se rencontre dans tous les végétaux sans exception.

Mouillage. On mouille les eaux-de-vie en y ajoutant de l'eau.

Mucilage. Substance visqueuse qu'on rencontre dans tous les végétaux, et notamment dans la graine de lin et dans la racine de guimauve.

Mucilagineux. Qui contient du mucilage.

Muter. Action de faire absorber du gaz acide sulfureux au vin, en brûlant de la mèche soufrée sur ce liquide, ou en le transvasant dans un fût qui est fortement imprégné de ce gaz. On dit que l'on mute un vin, quand on le soumet à cette action qui a pour but d'arrêter ou d'empêcher la fermentation. C'est par le mutage qu'on conserve le vin et le cidre doux pendant longtemps. On mute également en ajoutant une forte dose d'alcool à un liquide susceptible de fermenter.

O

Œnomètre. Instrument destiné à établir la quantité d'alcool contenu dans le vin. Son emploi est des plus incertains, et il ne faut pas y attacher d'importance pratique. Cet instrument est défectueux.

Ouillage, ouiller. Remplir les fûts en vidange.

Oxygène. Il est l'aliment nécessaire de toute combustion et de la respiration. C'est lui qui forme le vinaigre; c'est une partie constituante de tous les acides. Il est plus pesant que l'air atmosphérique; il pèse 1 gr. 43 centigrammes le litre.

P

Produits œnologiques. Préparations chimiques destinées à l'amélioration des vins ou des spiritueux, ou à leur communiquer des odeurs et des saveurs qu'ils n'ont pas naturellement ou qu'ils ont perdues.

R

Réactif. Substance qui sert à constater la présence d'une matière quelconque dans un liquide.

S

Sève. Arrière-goût agréable que les liquides laissent à la bouche après qu'ils sont bus. Sa cause est encore peu connue, mais on l'attribue à une persistance particulière du bouquet, exercée sur les organes de la dégustation.

Siphon. Instrument qui sert au soutirage du vin.

T

Tannin. Substance soluble dans l'eau et dans l'alcool, qui réside dans la plupart des végétaux, et notamment dans la râfle du raisin. Elle contribue à la conservation du vin.

Tartre ou tartrate de potasse. Matière saline qui s'attache aux parois des tonneaux, et qui existe tout formé dans les vins fermentés.

V

Vibrions. Genre d'animalcules infusoires (Voir *Infusoires*) dont une espèce connue sous le nom vulgaire d'*anguilles*, se rencontre dans le vinaigre. On ne peut les découvrir qu'à l'aide du microscope. Ces animaux, après avoir été desséchés entièrement et séparés du liquide où ils ont pris naissance, étant remouillés, reviennent à la vie. On en connaît seulement douze ou quatorze espèces. Il y a celui du froment qui, desséché complètement, reprend la vie dès qu'on l'humecte d'eau.

Vin muet. Moût de raisin qu'on a soumis à l'action du gaz acide sulfureux, et qu'on a ainsi privé de la propriété de subir la fermentation.

Viner. Ajouter de l'alcool à du vin, soit pour le conserver, lui donner de la force, du corps, ou en empêcher la fermentation secondaire ou acéteuse.

Volatil. Qui a la propriété de s'évaporer. (Voir ce mot.)

Volatiliser. Evaporer. (Voir ce mot.)

FIN.

TABLE GÉNÉRALE DES MATIÈRES

PREMIÈRE PARTIE.

DEUXIÈME PARTIE.

FIN DE LA TABLE GÉNÉRALE DES MATIÈRES.

TABLE ANALYTIQUE

DES

MATIÈRES CONTENUES DANS CET OUVRAGE.

A

B

C

R

S

T

V

FIN DE LA TABLE ANALYTIQUE DES MATIÈRES.

BAR-SUR-SEINE. — IMP. SAILLARD.

www.ingramcontent.com/pod-product-compliance
Ingram Content Group UK Ltd.
Pitfield, Milton Keynes, MK11 3LW, UK
UKHW012228240726
13966UKWH00003B/1017